Volvo-Busse

– seit 1928 –

Jean Christer Olsson

Motor
buch
Verlag

Einbandgestaltung Katja Draenert unter Verwendung von Motiven aus dem Archiv des Autors.

Die Originalausgabe erschien bei Norden Media GmbH, CH-9034 Eggesriet.
Text und Layout: Jean Christer Olsson. Übersetzung: Harald Neuhaus, Fotos: Hans Christiansen.

Ein Unternehmen der Paul Pietsch-Verlage GmbH + Co
1. Auflage 2003

ISBN 3-613-02306-7

Druck: Bosch-Druck, 84030 Ergolding
Bindung: Conzella, 84347 Pfarrkirchen
Printed in Germany

Inhalt

Vorwort

Die Idee zu diesem Buch hegte ich schon seit Ende der 80er Jahre, als ich damit begann, Informationen über Volvos Omnibusse (um den ursprünglichen, aus dem Lateinischen stammenden Begriff für das zu verwenden, was heute einfach als „Bus" bezeichnet wird) zusammenzutragen. Inzwischen bin ich jedoch froh, dass sich das Projekt bis heute verzögert hat, denn so konnte ich nicht nur die früheren Modelle einbeziehen, sondern auch die neue TX-Generation – die erste, brandneue Bus-Baureihe des 21. Jahrhunderts.

Es erfüllt mich mit Befriedigung, über die Geschichte des Busses zu schreiben, besonders da er häufig – und unverdientermaßen – von Politikern und Meinungsbildnern um der Förderung des Schienenverkehrs willen geschmäht wurde. In der gesamten modernen Geschichte des Busses seit Ende der 30er Jahre (als der Dieselmotor sein Debüt gab) hat sich der Bus als wirtschaftliche und vielseitige Alternative zu anderen Verkehrsmitteln wie der Straßenbahn, U-Bahn oder Eisenbahn angeboten. Seit den 70er Jahren haben der technische Fortschritt und die Umweltgesetzgebung dem Bus nicht nur in dieser Hinsicht eine Ausnahmestellung verschafft, sondern ihn auch unter Umweltaspekten zu einer attraktiven Möglichkeit erhoben. Richtig eingesetzt kann der Bus Verkehrsverdichtungen vermeiden, die allenthalben unsere Ballungszentren verstopfen, während er andererseits auch auf langen Strecken eine wettbewerbsfähige Alternative zum Luft- oder Schienenverkehr darstellt.

Dieses Buch wäre ohne die Hilfe von vielen Menschen mit größerem Wissen, als ich es besitze, um Busse im allgemeinen und Volvo-Busse im besonderen nicht möglich gewesen. Mein besonderer Dank gilt Sigvard Forssell, der als „Vater der Mittelmotor-Busse" einen Ehrenplatz in der Geschichte der Volvo-Busse verdient. Während er an der Spitze der technischen Entwicklungsabteilung stand, seit den 40er bis zu den 60er Jahren, durchlief der Bus radikale Veränderungen in technischer, ergonomischer und wirtschaftlicher Hinsicht.

Als Konstrukteur hält Sigvard Forssell den inoffiziellen Weltrekord für die Lebensdauer einer technischen Lösung: den Tankverschluss, der in seiner ursprünglichen, 1944 von Forssell entworfenen Form noch heute an den Volvo-Bussen verwendet wird und der im Jahre 2000 die strengen EU-Sicherheitsnormen erfüllt hat. Ich habe Sigvard Forssells Tankverschluss als Illustration für die vordere Umschlagklappe ausgewählt, um die Bedeutung der Forderung „Mach es beim ersten Mal richtig!" zu verdeutlichen, die Gustaf Larson, einem der Volvo-Gründer, zugeschrieben wird.

Mehr als manche komplette technische Lösung verdeutlicht der klassische Tankverschluss, wie sich Funktionalität mit attraktivem Design vereinbaren lässt, hier repräsentiert durch das klassische „Volvo-Eisensymbol".

Ich habe das Privileg genossen, viele der Männer und Frauen zu interviewen, die dazu beigetragen haben, Volvo in den vergangenen Jahrzehnten zu einem der führenden Bushersteller der Welt zu machen. Von ihnen sind Stig-Arne Olson, Leif Andersson, Sandy Glennie und Jürgen Bahr besonders zu erwähnen.

In all den Jahren, in denen dieses Werk gereift ist, unterstützte mich die Volvo-Bus-Kommunikationsabteilung moralisch und mit Materiallieferungen. In diesem Zusammenhang möchte ich (in alphabetischer Reihenfolge) Nanda Accaoui, Lennart Alverén, Mikael Borg, Kjell Johansson, Mats Lach, Heléne Mellquist, Ulrika Owen und Margareta Rydfalk erwähnen. Jan Thorén und Per Lindquist überprüften die Richtigkeit der technischen Angaben in diesem Buch. Da beide keine Gelegenheit mehr hatten, das Buch in seiner endgültigen Form durchzusehen, bevor es in Druck ging, liegt die Verantwortung für mögliche Nachlässigkeiten und Irrtümer beim Autor.

Aus den verschiedenen Volvo-Bus-Unternehmen in aller Welt bekam ich wertvolle Dokumentationen und Illustrationen. Es ist unmöglich, alle namentlich aufzuführen, speziellen Dank aber schulde ich Antonio Ianetta in Italien und Gisela Herbst in Deutschland.

Die meisten älteren Aufnahmen in diesem Buch stammen aus dem wohlgeführten Volvo-Zentralarchiv, wo Ulla Bergwall entscheidend dazu beitrug, in diesem Band auch die Entwicklung in den Anfangsjahren von Volvo widerzugeben.

Mein besonderer Dank gilt der Unterstützung, die ich vom Volvo Veteran Bus Club erhielt, vertreten durch den Gründer Rune Hansson und den amtierenden Präsidenten Leif Rådeström.

Merkwürdigerweise wurde, speziell in Schweden, erstaunlich wenig über Busse geschrieben. Sven W. Bengtson bereitete den Boden mit seiner Beschreibung der Entwicklung von Volvo-Bussen aus den späten 20er bis hin zu den 60er Jahren, die als Artikelserie im Magazin Autohistorica (1–2/1977, ISSN 0345–1003) erschienen ist. Doug Jack hat in seinem Buch The Volvo Bus (ISBN 1–898432–52–X) die faszinierende Geschichte der Volvo-Busse in Großbritannien und Irland nachgezeichnet. (Doug Jack ist auch Verfasser einer ausgezeichneten und umfassenden Geschichte von Leyland, seit 1988 Teil der Volvo-Gruppe).

Ein besonders warmes Wort des Dankes geht an Torstein Magelsen in Norwegen, Chefredakteur von Yrkesbil, einem der besten Lkw- und Busmagazine der Welt, für seinen Hinweis auf den „Messingbus“, der auf den Seiten 132-133 beschrieben wird.

Mein besonderer Dank gilt meinem Herausgeber Sven-Erik Gunnervall von Norden Media in der Schweiz, ohne dessen moralische Unterstützung, herausgeberische Fähigkeiten und Ermunterung dieses Buch kaum über einige Stapel unsortierten Materials hinausgekommen wäre. In diesem Zusammenhang möchte ich auch Lennart Johansson von der Druckerei Grunditz & Forsberg erwähnen, dank dessen Erfahrung und Humor es mir eine Freude war, das Buch zu schreiben.

Ich habe für diesen Band mit Bedacht alte, authentische Illustrationen ausgewählt. Um die Seiten zu beleben, habe ich eine Anzahl neuer Fotografien von alten Modellen hinzugefügt, die durch den Einsatz von einigen Enthusiasten wieder in ihrem früheren Glanz erstrahlen. In diesem Zusammenhang bin ich den folgenden Personen verpflichtet, die mir ihre eleganten Veteranen zur Verfügung gestellt haben: Sören Eriksson (LV61), Tommy Lindberg (LV72 Bogie), Lars Larsson (B10), Tommy Sandh („Weiße Busse“ und L224), Lennart Segerström („Per-Albin-Bus“), Börje Lindström (B512), Per Ericsson (B727 „Skvader“) und den Enthusiasten der Spårvägsällsskapet Ringlinjen (B755 und B58 Gelenkbus). Ich möchte auch Rolf Hermansson von den Göteborger Verkehrsbetrieben danken, dessen umfassende Unterstützung und große Geduld die Aufnahmen der Bus-Veteranen wesentlich erleichtert haben.

Die Aufnahmen der genannten Busse stammen von Bo Ingvar Svensson (B10) und Hans Christiansen (der die übrigen Modelle fotografiert hat).

Obwohl dies keine technische Geschichte der Volvo-Busse ist, sind Tabellen mit den wichtigsten Spezifikationen der unterschiedlichen Modellfamilien enthalten. Für die Haupt-Typen habe ich die folgenden Bezeichnungen gewählt: N (Haubenfahrzeug mit Frontmotor), F (Frontlenker mit Frontmotor und Einstieg hinter der Vorderachse), FF (Frontlenker mit Einstieg vor der Vorderachse), M (Mittelmotor-Modell) und B (Heckmotor-Modell). Die Motorkonfiguration wird bezeichnet mit S für einen stehend eingebauten Motor, H für ein liegend eingebautes Triebwerk, L für einen längs eingebauten Motor und T für den Quereinbau. Die Daten (nur) der Basisversionen der verschiedenen Modelle sind in den Tabellen aufgelistet. Allerdings sollten diese Informationen mit Vorsicht genossen werden, denn Abweichungen von den Basis-Spezifikationen waren in manchen Märkten eher die Regel als die Ausnahme.

Mit ganz besonderer Freude danke ich Jan Engström, dem Präsidenten der Volvo Bus Corporation, der die Einleitung zu diesem Band beigesteuert hat. Darin macht er deutlich, dass die Geschichte wohl nicht die wichtigste Aufgabe für ein Unternehmen sein kann, aber dass sie unerlässlich ist, um die Mitarbeiter davor zu bewahren, die gleichen Fehler zu wiederholen. Und dass sie hilft, Entscheidungen zu treffen, die nicht nur zum gegenwärtigen Erfolg beitragen, sondern auch zu langfristiger Expansion und Profitabilität unter Berücksichtigung der Verantwortung des Unternehmens für künftige Generationen.

Schließlich und endlich hege ich die Hoffnung, dass der Leser dieses Bandes die interessante Geschichte der Omnibusentwicklung genießt, die über fast drei Viertel eines Jahrhunderts zu den heutigen sicheren, umweltverträglichen, wirtschaftlichen, vielseitigen und eleganten Modellen geführt hat.

Wissembourg, Frankreich

Jean Christer Olsson

Einleitung

Kürzlich feierte Volvo sein 75-jähriges Firmenjubiläum. Ungeachtet dieses Alters befindet sich das Unternehmen in einem ständigen Erneuerungsprozess, ohne dabei seine Seele zu verlieren. Ein Unternehmen muss sich seines Erbes bewusst bleiben, um eine hohes Maß an Fachwissen zu bewahren und gute Beziehungen zu seinen Kunden zu erhalten. Beides ist von entscheidender Bedeutung in unserem Geschäft. In einer Welt, in der sich Technologie und Geschäft mit zunehmender Geschwindigkeit verändern, profitiert die Volvo Bus Corporation von ihren exzellenten und langfristigen Geschäftsbeziehungen.

Nach den elementaren Grundsätzen unserer Gründer Assar Gabrielsson und Gustaf Larson bilden Sicherheit, Qualität, Zuverlässigkeit und Verantwortung das Rückgrat sämtlicher Volvo-Aktivitäten und -Produkte. Getreu dieses Erbes bleiben Qualität, Sicherheit und Umweltbewusstsein die zentralen Werte, die die Volvo Bus Corporation bis zum heutigen Tag beseelen.

Ein moderner Bus erzeugt nur noch einen Bruchteil der Emissionen wie sein Pendant vor 25 Jahren. Die heutigen Kunden verlangen komplette Lösungen für ihre zunehmend komplexeren Transportaufgaben. Volvo bietet eine ganze Palette von Produkten und Dienstleistungen, die Umweltschutz mit wirtschaftlichen Transportlösungen vereinen.

Im Rahmen des laufenden Erneuerungsprogramms entwickelt Volvo Produkte gemäß der Nachfrage seiner Kunden und der gesamten Öffentlichkeit in Übereinstimmung mit unseren zentralen Werten Qualität, Sicherheit und Umweltschutz.

Etwa vor einem Jahr haben wir ein aktuelles Bus-Programm vorgestellt, das in erster Linie für unsere Entwicklungsmärkte gedacht war, in denen Bedarf für robuste und zuverlässige Modelle zu vertretbaren Preisen besteht; mit anderen Worten: für Produkte, die ihr Geld wert sind.

Bei den neuen, jüngst vorgestellten Stadtbussen liegt der Schwerpunkt in der Erfüllung der Kundenwünsche nach Wirtschaftlichkeit und hoher Verfügbarkeit. Mit ihrem niedrigen Boden erleichtern diese Modelle Ein- und Ausstieg der Fahrgäste und bringen sie sicher an ihr Fahrtziel.

Wir sind gerade dabei eine brandneue Plattform als Ablösung unseres Erfolgsmodells B10M einzuführen – ein bedeutsamer Schritt für uns und unsere Kunden gleichermaßen. Damit wollen wir unsere Wettbewerbsfähigkeit insgesamt stärken und eine Basis für künftige Entwicklungen schaffen.

Bei der Entwicklung der neuen Plattform haben wir die Standards von Produkten und Diensten angehoben. Jede Funktion, ja jedes Einzelteil in den neuen TX-Modellen ist das Ergebnis innovativer Ingenieursleistungen. Für unsere Kunden bedeutet dies, dass wir Busse in noch besserer Qualität, mit noch höherer Zuverlässigkeit und Wirtschaftlichkeit anbieten können und dazu ein verbessertes Angebot an Dienstleistungen.

Die Profitabilität eines Busunternehmens hängt neben anderen Faktoren von der Qualität und Leistungsfähigkeit seiner Flotte ab. Volvo bietet einen beständigen Weltklasse-Technologiestandard, der die Forderungen nach Umweltverträglichkeit ebenso erfüllt wie nach umfassender Wirtschaftlichkeit.

Ein guter Fahrer sorgt dafür, dass seine Fahrgäste ihr Ziel sicher, komfortabel und pünktlich erreichen, indem er den Bus verantwortungsbewusst lenkt. Unsere Produkte sind darauf angelegt, dem Fahrer die erstklassige Erledigung dieser seiner Arbeit zu erleichtern.

Ich möchte meinen Dank an Jean Christer Olsson ausdrücken, dessen Engagement und Enthusiasmus die Dokumentation unserer Geschichte über fast drei Viertel eines Jahrhunderts ermöglicht haben.

Ein Unternehmen in unserer Branche muss stets in die Zukunft schauen. Allerdings ist auch die Kenntnis der Vergangenheit unerlässlich als Grundlage für Entscheidungen, die neue Erfolge zeitigen sollen. Wir glauben, dass ein hohes Maß an Kundenzufriedenheit und stabiler Profitabilität uns das nötige Wachstum ermöglichen werden, damit Volvo Bus ein angesehener Name in der Industrie bleibt.

Jan Engström
Präsident
Volvo Bus Corporation

Die Fotos auf dieser Seite zeigen einen LV61 mit Aufbau von C.W. Andréns Vagn- och Karosseriverkstad in Falun.

BJURSÅS - FALUN - BJURSÅS
TEL. BJURSÅS 72
W5554
S
DPH 416

Busse begann, sollte sich die Tradition, Lkw-Chassis mit einem Busaufbau zu versehen, noch über viele Jahre hinweg fortsetzen und wird selbst heute noch praktiziert, wie sich an der Beschreibung des FM7-Busses auf den Seiten 132-133 unschwer erkennen lässt.

Man war sich darüber im Klaren, dass viele Volvo-Busse das Werk als Lkw-Chassis verließen, und folglich wurden stets Lkw-Chassis angeboten, die für die Aufnahme von Bus-Aufbauten vorbereitet waren. Zudem haben Lkw und Busse bis auf den heutigen Tag wichtige Komponenten wie Motoren gemeinsam. Das ermöglicht die Konstruktion und Produktion umweltverträglicher High-Tech-Komponenten zu tragbaren Kosten.

Die ersten Vierzylinder-Lkws wurden von Sechszylinder-Typen abgelöst, die mit doppelter Leistung aufwarteten und sich noch besser als Busse eigneten, besonders, wenn die Busausrüster den Radstand und damit natürlich auch das gesamte Fahrzeug verlängerten, um mehr Passagiere befördern zu können.

Mit dem speziellen Dreiachs-Chassis LV64LF erschien 1930-31 das erste, von Anfang an auf die Bedürfnisse der Busbetreiber zugeschnittene Volvo-Modell. Es wurde hauptsächlich in jenen Gebieten in Schweden eingesetzt, wo die Straßen besonders schlecht und die zulässigen Achslasten folglich strikt begrenzt waren.

Eine weitere, wenn auch nicht ausschließliche Volvo-Innovation bedeutete der Hesselman-Motor, der auch im Lkw zum Einsatz kam und seine Bedeutung als Antriebsquelle im Vorfeld der Entwicklung von Dieselmodellen gewann.

Seit 1934 baut Volvo eigenständige Busse. Ungeachtet dessen gibt es in der Unternehmensgeschichte zahlreiche Beispiele dafür, dass Busunternehmer Lkw-Chassis für geeigneter hielten als „richtige" Bus-Fahrgestelle. Dazu zählen die „Rundnasen-Busse" auf dem „Snabbe/Trygge-Chassis", die „Pigg-" (Lively)-Modelle aus den 70er Jahren und zeitgenössische Spezialausführungen.

Oben und nächste Seite: Ein zum dreiachsigen Bus umgebauter LV72 mit Aufbau der „Svenska Karosseri Verkstäderna".

BOLLEBYGD
FULLSATT
F 6082
MFX 834

LV70 und der „Volvo-Standard-Bus“

Um 1930 bemerkte das Volvo-Management, dass eine zunehmende Anzahl von Lkw-Chassis von gewissen Händlern erworben wurden, die diese wiederum an Busunternehmer in den verschiedensten Teilen Schwedens verkauften. Es handelte sich dabei nicht um städtische Verkehrsbetriebe, sondern um erfolgreiche ländliche Unternehmer, die robuste Fahrzeuge mit ausreichender Mobilität – sprich: genügend Bodenfreiheit – benötigten und deren Wahl häufig auf Volvo fiel. Für den Hersteller bedeutete dies in erster Linie, dass sich hier eine Marktlücke auftat, die zugleich eine Verbesserung der Gewinnspannen für die „normalen“ Lkw-Chassis ermöglichte. Folgerichtig fiel denn auch die Entscheidung zum Bau eines speziellen „Volvo-Busses“ auf der Basis eines vorhandenen Lkw-Chassis.

Der LV70B gilt in der Volvo-Geschichte in zweierlei Hinsicht als epochemachendes Fahrzeug. Zunächst einmal war es das erste Modell mit einem „B“ in der Typenbezeichnung, ein eindeutiger Hinweis, dass es sich um einen Bus handelte. Und zweitens repräsentierte es den Beginn einer neuen Philosophie für Volvo, nämlich den Bau eines Standardtyps von Bussen. Diese Entwicklung kulminierte erst in den 80er und 90er Jahren, nachdem Volvo mehrere unabhängige Omnibushersteller übernommen hatte und solche Fahrzeuge produzierte.

Die Basis für den LV70B bildete das Lkw-Chassis LV68/LV69/LV70, dessen längste Variante bereits einige Beliebtheit als Bus-Chassis gewonnen hatte.

Mit ihrem altmodischen Design, ihren Holzspeichenrädern, Bremsen lediglich an der Hinterachse und relativ leistungsschwachen seitengesteuerten Vierzylindermotoren wirkten die ersten Volvo-Busse nicht gerade fortschrittlich. Der LV70B dagegen erhielt ein moderneres Design, stabile Stahlspeichenräder und hydraulisch betätigte Bremsen an allen vier Rädern.

Im Vergleich zum LV70-Lkw gab es nur wenige, aber bedeutsame Änderungen. Der Radstand wurde auf 4,60 m verlängert – auf Wunsch auch mehr; auch der Rahmen hinter der Hinterachse war länger, um Busse mit längerem hinterem Überhang als bei Lkws üblich zu ermöglichen. Außerdem verliehen die umfangreichere

Instrumentierung und verchromte Scheinwerfer dem Modell einen „luxuriösen“ Anstrich.

Allerdings reichten die Ambitionen bei Volvo über die Anpassung eines Chassis für Busaufbauten hinaus. Man beabsichtigte, auch komplette Busse mit Aufbauten für die gängigsten Einsätze im Personenverkehr herzustellen und nicht nur für ländliche Gegenden in Schweden. Heraus kam dabei der „Volvo-Standardbus“, der in einem eigenen Prospekt beschrieben und recht bekannt wurde, wenngleich nur etwa zehn Exemplare entstanden.

Wegen der langgestreckten Geographie Schwedens und des schlechten Zustandes der Straßen unterlag der schwedische Straßenverkehr gesetzlichen Auflagen, durch die Fahrzeugbreiten und Achslasten in gewissen Landstrichen limitiert wurden. Da die Basisversion des Volvo-Standardbusses diese Achslastbeschränkungen nicht erfüllte (was 1930-31 zur Entwicklung des LV64LF führte), fiel die Entscheidung, zwei Aufbaubreiten anzubieten: „normal“ und „schmal“.

Volvo beschloss, mit drei verschiedenen Aufbauherstellern zu kooperieren: „Arvika Vagnfabrik“, „Svenska Karosseri Verkstäderna“ (SKV) in Katrineholm, heute „Scania Buses and Coaches“, und „Hägglund“ in Örnsköldsvik, der später von Wiima übernommen wurde, dann in der Carrus-Gruppe aufging und 1998 schließlich bei Volvo landete.

Jeder Aufbauhersteller entwickelte zwei Versionen des Volvo-Standardbusses, eine normale Version mit quer angeordneten Sitzen und eine schmale Version mit quer angeordneten Sitzen auf einer Seite und einer durchgehenden Längssitzbank auf der anderen.

Der Volvo-Standardbus gilt als interessantes Experiment aus der Anfangszeit der Volvo-Busse. Obwohl das Modell auf beträchtliches Interesse stieß, erwies sich der Markt noch nicht reif für derartige Experimente. So kam es, dass nur eine Handvoll LV70B-Chassis mit Standard-Aufbauten entstanden.

Der LV70B stellt ein Bindeglied zwischen den ersten „Lkw-Bussen“ und den modernen Bussen von heute dar. Das Modell zeichnete sich durch einen hohen Qualitätsstandard aus, und die Chassis erwiesen sich als so standfest, dass viele von ihnen mit neuem Aufbau ein zweites Leben feierten, nachdem das Konzept der Haubenfahrzeuge überholt und die ursprünglichen Karosserien verschlissen waren.

Volvo arbeitete beim Bau eines schwedischen Standardbusses auf Basis des LV70B-Chassis für den Einsatz auf dem Lande mit drei Herstellern zusammen. Die Bilder auf diesen Seiten zeigen leitende Volvo-Mitarbeiter auf einer Exkursion mit einem Arvika-Bus aus der „Svenska Karosseri Verkstäderna“ für den Liniendienst zwischen Kedjeåsen und Karlskoga in Mittelschweden und einen noch nicht ausgelieferten Bus von „Hägglunds“ aus Örnsköldsvik

	Motor-anordnung	Produktions-zeit	-zahl	Gesamtgewicht 4x2	Gesamtgewicht 6x2	Gesamtgewicht Gelenkbus	Hubraum cm^3	Motor-leistung	Anmerkungen
LV70B	N (S/L)	1932–36	630	6.200 kg	—	—	4.097/4.397	75–90 PS	Radstand 4,60 m (andere Radstände auf Wunsch)

Anfang der 30er Jahre gab es in Schweden drei Nutzfahrzeughersteller: Scania-Vabis, Tidaholm und Volvo. Während die beiden ersten Busse und Lkws in unterschiedlichen Größen vermarkteten – hauptsächlich in den schwersten Gewichtsklassen –, konzentrierte sich die Volvo-Produktion vorwiegend auf Mittelklasse-Lkws. Die Volvo-Führung war sich wohl schon der Tatsache bewusst, dass die wahren Gewinne künftig mit den schweren Fahrzeugen zu erzielen seien, man war jedoch noch nicht imstande, beim Bau schwerer Busse voll mitzuhalten. Dank der hohen Produktionszahlen bei mittelschweren Lkws erwirtschaftete das Unternehmen angemessene Erträge, die wiederum die Entwicklung mittelgroßer Bus-Chassis als logischen Fortschritt ermöglichten.

Zur Automobilausstellung in Amsterdam 1933 wurde der LV75 präsentiert, der sofort zum Erfolgsmodell avancierte. Es war ein supermoderner Bus, bei dem der Fahrer nicht mehr hinter dem Motor saß, sondern seitlich davon.

Der LV75 besaß ein mittelschweres Chassis, das zwar immer noch die Buchstaben „LV“ (für Lkw) in der Typenbezeichnung enthielt, jedoch hauptsächlich als kleiner Stadtbus gedacht war. Allerdings wurde auch eine ganze Reihe LV75 als Lkw-Chassis verkauft und mit den unterschiedlichsten Aufbauten versehen.

Der LV75 war auf einfache, effektive und intelligente Weise konstruiert worden. Die Volvo-Ingenieure

Oben: Ein typischer LV75-Bus, der auf der Strecke Sjöbo-Ystad in Südschweden eingesetzt wurde. Der Aufbauhersteller gab dem Modell mit dem Chromschmuck am Kühler seine persönliche Note.

Links: Dieses retuschierte Foto zeigt ein LV75-Chassis mit dekorativem Kühler und diagonalem Chromstreifen mit Eisensymbol, die nach einigen Jahren verschwanden und erst Ende der 60er Jahre wieder in dieser Form auftauchten. Der Fahrzeugboden lag wegen des Lkw-Chassis noch recht hoch, der Fahrkomfort war akzeptabel, aber bei weitem nicht perfekt.

Nächste Seite: Ein unrestaurierter LV75, der hoffentlich in naher Zukunft wieder Passagiere befördern wird.

beschlossen, den Rahmen des vorhandenen, konventionell gestalteten Hauben-Lkw LV74 zu verlängern. Die Lenkung wurde seitlich vom Motor angeordnet und die Vorderachse – wie im LV70B – durch die schwerere Ausführung aus der Baureihe LV68 ersetzt. Das erwies sich als notwendig, um der höheren Vorderachslast Rechnung zu tragen, die mit dem Frontlenker-Konzept einherging, bei dem der Fahrer und mehrere Fahrgäste über oder in der Nähe der Achse sitzen.

So erblickte der erste Volvo-Frontlenker-Bus das Licht der Welt, und weckte beträchtliches Interesse bei den Busunternehmern im In- und Ausland.

Das LV75-Chassis war als Rechts- oder Linkslenker lieferbar, um die Nachfrage sowohl in Schweden, wo damals Linksverkehr herrschte, als auch in Ländern mit Rechtsverkehr, wie den Niederlanden, zu befriedigen.

Kleiner als der LV70B, ergänzte der LV75 seinen robusteren Stallgefährten eher, als ihn abzulösen. Als Antriebsquelle diente im LV75 der seitengesteuerte EB-Motor mit 65 PS. Ungeachtet seiner bescheidenen Leistung besaß der Motor mehr als genug Kraft für die Einsatzgebiete, in denen der LV75 während seiner dreijährigen Produktionszeit bekannt werden sollte.

Nach dem LV70B war der LV75 die zweite und letzte Bus-Version eines Volvo-Lkw-Chassis. Die folgenden Busse wurden als eigenständige Modelle ausschließlich für den Einsatz im öffentlichen Personenverkehr konzipiert.

Genau wie beim LV70B entsprachen Achsen und Aufhängungen im LV75 denen in den entsprechenden Lkws. Zwar genügte der Fahrkomfort damaligen Ansprüchen, konnte dem Vergleich mit den Konkurrenzmodellen von Scania-Vabis und Tidaholm jedoch nicht ganz standhalten. Beide produzierten schon in den frühen 30er Jahren eigenständige Busse, während Volvo noch in erheblicher Anzahl „Lkw-Busse“ baute.

	Motor-anordnung	Produktions-zeit	-zahl	Gesamtgewicht 4x2	Gesamtgewicht 6x2	Gesamtgewicht Gelenkbus	Hubraum cm^3	Motor-leistung	Anmerkungen
LV75	F (S/L)	1933–35	308	5.700 kg	—	—	3.266	65 PS	Radstand 4,1 m (andere Radstände auf Wunsch)

1934 hatte sich Volvo in Schweden zum größten Lkw-Hersteller aller Klassen, mit Ausnahme der ganz schweren entwickelt. Volvo stand auch bei den Mittelklasse-Pkws und bei den Taxis an der Spitze, denn die Kunden im anspruchsvollen Taxigeschäft waren von der Überlegenheit Volvos in diesem Segment überzeugt. Die Zeit war jetzt reif für den nächsten Schritt, den Angriff auf die Führungsposition von Scania-Vabis bei den großen Bussen. Tidaholm hatte bereits einige Zeit zuvor die Busproduktion aufgegeben.

Frontlenker-Busse ohne Motorhaube vor dem Fahrer fanden wohl zunehmende Verbreitung, viele Busunternehmer freilich zogen noch das konventionelle Haubenfahrzeug vor, zumindest für den Einsatz auf dem Lande. Jenseits der schwedischen Grenzen und speziell außerhalb Europas bildete die konventionelle Bauweise mit attraktiver Motorhaube eher die Regel als die Ausnahme. Aus diesem Grunde beschloss Volvo, beide Haupttypen in eine einzige Modellfamilie zu integrieren, die auf den gleichen Komponenten basierte. Es sollten die ersten „echten" Buskonstruktionen bei Volvo werden, und bei den Entwurfszielen standen Komfort, Effizienz und Standfestigkeit – sowohl für den Heimatmarkt als auch im Export – ganz oben an.

Die B1, B2, B3 und B4 feierten 1934 ihre Premiere. Den Anfang machten die beiden Frontlenker B1 und B4, bei denen die Lenkung nach vorn verlegt und die Motorhaube in den Aufbau integriert worden waren, denn mit diesen Modellen gedachte Volvo die Führung auf dem Heimatmarkt zu erobern.

Der B1 gilt als Vorläufer der breiten Palette moderner Volvo-Busse und er war als mittelgroßer Bus für Überland- und Vorstadteinsätze konzipiert. Dem Frontlenker B1 mit einfach untersetzter Hinterachse

folgte der B4, der sich vom Ursprungsmodell lediglich durch die Hinterachse mit doppelter Untersetzung unterschied, die – wie auch die übrigen Komponenten des Antriebsstrangs für die B1-B4 – aus der Lkw-Reihe LV66-67 stammte.

Der B2 mit einfacher und der B3 mit doppelter Hinterachsuntersetzung bildeten die jeweiligen Pendants in konventioneller Bauweise mit kleinerer Motorhaube als die entsprechenden Lkws und mit ansprechender Front dank des verchromten Kühlers.

Im wesentlichen beruhten die B1-B4 auf den gleichen technischen Komponenten wie die schwersten Volvo-Lkws aus jenen Tagen: den Hochleistungsachsen und -rädern, deren acht Speichen von ihrer Familienzugehörigkeit zeugten. Als Triebwerk kam entweder der bewährte OHV-Motor DC zum Einsatz oder der Hesselman HA, beide mit 75 PS und beide aus dem Volvo-Werk Skövde. Auch das Viergang-Getriebe war eine Eigenentwicklung von Volvo. Es wurde im Werk Köping produziert, das heute zur Volvo Trucks Components Corporation gehört.

Von 1933 bis 1946 konnten Volvo-Kunden zwischen Benzinmotoren wie dem DC (links) und Hesselman-Aggregaten wie dem HA (rechts) wählen.

Unter dem Blech waren der Hauben-B2 (links) und der Frontlenker B1 (unten) nahezu identisch. Zu jener Zeit konnte Volvo mit nur wenigen technischen Komponenten unterschiedlich aussehende Produkte für Kunden mit unterschiedlichem Bedarf und unterschiedlichen Transportaufgaben anbieten.

Die Fotos unten und auf der gegenüberliegenden Seite unten zeigen B1-Busse für Argentinien mit C.A.T.I.T.A.-Aufbau und für Südafrika zusammen mit einem B2 für den schwedischen Markt, die beiden letzteren mit Aufbauten aus Katrineholm.

	Motor-anordnung	Produktions-zeit	-zahl	Gesamtgewicht 4x2	Gesamtgewicht 6x2	Gesamtgewicht Gelenkbus	Hubraum cm³	Motor-leistung	Anmerkungen
B1/B4	F (S/L)	1934–37	143	8.000 kg	—	—	4.097/4.397	75–90 PS	Radstand 4,70 m
B2/B3	N (S/L)	1934–36	41	8.000 kg	—	—	4.097/4.397	75–90 PS	Radstand 4,70 m

Speziell der B1 fand in vielen Ländern, darunter Schweden und Brasilien, großen Anklang, auch wenn sich die aktuellen Produktionszahlen in Grenzen hielten. Der B4 mit seinem zweifach untersetzten Achsantrieb wurde ebenfalls in bescheidenen Stückzahlen gebaut, hauptsächlich für Länder mit bergigen Straßen und für solche Unternehmer, die dazu neigten ihre Busse zu überladen, indem sie so viele Passagiere hineinstopften wie möglich.

Die eleganten B2 und B3 wurden in geringer Zahl gebaut, in einigen Fällen mit stromlinienförmigen Aufbauten, wie sie für jene Zeit typisch waren.

Während der gesamten Bauzeit gab es nur wenige technische Änderungen an den B1-B4, deren wichtigste die Ablösung der DC/HA-Motoren durch die größeren, leistungsstärkeren Typen FC/FCH darstellte.

Die HA- und FCH-Motoren zählten zu den Hesselman-Typen, die den entsprechenden Volvo-Benzinmotoren entlehnt waren. Wie Scania-Vabis und Tidaholm war auch Volvo Anfang der 30er Jahre als Hersteller noch zu klein, um einen eigenen Dieselmotor zu entwickeln. Als Alternative ergab sich der Hesselman-Motor, der im Grunde ein Benzinmotor war und für den Betrieb mit billigerem und steuerbegünstigtem Schweröl bei der gleichen niedrigen Verdichtung umgebaut wurde. Für die Zündung sorgten Hochleistungskerzen.

Dem geistigen Kind von Jonas Hesselman, einer Größe unter den schwedischen Erfindern, war nur ein kurzes Leben beschieden. Volvo sollte das Triebwerk bis 1946 verwenden, als die Mitbewerber schon längst – in den 20er und 30er Jahren – zu sparsameren Dieselmotoren übergegangen waren. Auch wenn der Hesselman-Motor eigentlich problemlos lief, verbrauchte er doch mehr Kraftstoff als ein vergleichbarer Diesel und wegen der niedrigen Verdichtung ergab sich eine gute Verbrennung nur bei relativ hohen Belastungen.

Mitte der 30er Jahre konzentrierte sich Volvo schließlich auf die Entwicklung größerer, modernerer und komfortablerer Busse.

Norwegen wurde schon früh zum wichtigen Busmarkt für Volvo. Das Foto oben zeigt drei konventionelle Busse, vermutlich LV70B, mit altmodischen Aufbauten zusammen mit zwei aktuellen B1- oder B4-Modellen mit klaren stromlinienförmigen Stahlkarosserien, die allerdings noch auf veralteten Holzrahmen aufgebaut waren.

Ungeachtet ihres offenkundig identischen Äußeren unterschieden sich die beiden „modernen“ Busse in vielen Details.

Das Bild wurde wohl 1935 aufgenommen, als Volvo den LV70B noch parallel zum B1/B4 baute.

B10 – B24

Vor dem Zweiten Weltkrieg blieben private Automobile ein seltener Anblick auf schwedischen Straßen, und der Omnibus wurde erst Mitte der 30er Jahre außerhalb der Städte eine alltägliche Erscheinung. Mehrere Faktoren trugen dazu bei. Der wichtigste Grund war wohl, dass Reisen damals bei weitem nicht so verbreitet war wie heute, außerdem war das Schienennetz in jener Zeit, lange bevor die meisten Nebenstrecken stillgelegt wurden, viel dichter.

Erst Mitte der 30er Jahre setzte bei den Busreisen ein Aufschwung ein, der bis heute ungebrochen anhält. Die Menschen beschränkten ihre Reisegewohnheiten nicht mehr auf ihre nähere Umgebung, sondern wagten auch größere Reisen. Und weil die Reiseveranstalter aus kleinen Busunternehmen bestanden, die ihre Unabhängigkeit auch in der Wahl ihrer Fahrzeuge ausdrückten, gab es große Unterschiede bei den Bussen und Aufbauten.

Für Volvo bedeutete diese Entwicklung eine Art Manna vom Himmel. Schließlich verfügte man über ein umfassendes Angebot an bewährten Lkw-Komponenten, die sich in idealer Weise auch für Bus-Chassis eigneten, und nach zehn Jahren Fahrzeugentwicklung und fast fünf Jahren im Omnibusbau – wenngleich hauptsächlich auf Lkw-Chassis – waren die Fachkenntnisse und auch der Ehrgeiz vorhanden, zur Expansion des Busverkehrs in Schweden beizutragen.

Es lag auf der Hand, dass die besten Aussichten für Volvo anfangs in der Produktion mittelgroßer Busse lagen. Die kleinsten Busse am Markt waren hauptsächlich auf amerikanischen Lkw-Chassis aufgebaut und konnten von örtlichen Unternehmern billig erworben wurde, während der Markt für große Stadtbusse von Scania-Vabis beherrscht wurde, und luxuriöse Reisebusse zu jener Zeit noch unbekannt waren. Wer sich auf längere Reisen wagte, tat dies mit dem eigenen Pkw oder mit der Bahn.

1936 stellte Volvo eine neue Busreihe vor, der ein enormer Markterfolg beschieden sein und die den schwedischen Busbestand für viele Jahre bestimmen sollte. Die beiden ersten Modelle aus dieser Serie, der B10 und der B11, beruhten auf Komponenten aus der in größeren Stückzahlen gebauten Lkw-Serie LV9. Daher besaßen die Busse nicht nur von Anfang eine bewährte Abstammung, es war auch möglich, die Produktionskosten und damit die Verkaufspreise auf einem vertretbaren Niveau zu halten.

Der B10 verkörperte bereits die Bauweise, die nach dem Krieg vorherrschen sollte: mit dem Motor seitlich vom Fahrer und ohne die vertraute Motorhaube; in Schweden, wo noch Linksverkehr herrschte, auf der linken Seite. Der Hauptunterschied zwischen den Bussen und ihren Verwandten aus der Lkw-Familie bestand in der Anordnung von Lenkrad und Fahrerplatz sowie der Gestaltung des Chassis. Der Boden bei den Bussen lag niedriger und die Radaufhängungen boten jetzt deutlich höheren Komfort.

Noch Mitte der 30er Jahre, als Volvo schon mehrere Jahre lang „richtige“ Busse gebaut hatte, entstanden viele Überland-Busse auf Lkw-Fahrgestellen.

Das Foto oben zeigt einen B11 mit Aufbau aus Katrineholm, das im Dienste der Nordmark-Klarälven-Eisenbahngesellschaft stand. Das erkennbar ähnliche Fahrzeug auf der linken Seite entstand auf einem LV85-Lkw-Chassis. Als „Saloon-Typ“ besitzt das Modell für jede Sitzreihe eine Tür (vgl. S. 10-11). Deutlich zu erkennen sind der niedrige Einstieg und Wagenboden des B11 im Vergleich zum Fahrzeug auf LV85-Basis.

In den 30er Jahren stammten viele der Illustrationen in den Volvo-Bus-Prospekten von talentierten Künstlern und wurden vierfarbig abgedruckt. Das Bild ganz oben zeigt einen B22, darunter ist ein B10 in Göteborg zu sehen – im Hintergrund modernste mehrstöckige Wohnhäuser. Wer sich standesbewusst kleidete, ließ sich in jener Zeit nur selten ohne Kopfbedeckung sehen.

Auf den Folgeseiten: ein Volvo B10 mit Aufbau der Svenska Karosseri Verkstäderna in Katrineholm.

M22009

Die Produktion von Busaufbauten in Handarbeit zeitigte bisweilen interessante Ergebnisse. Ein Beispiel dafür ist dieser B12 mit Aufbau von Bröderna Anderssons Vagnfabrik in Vaggeryd.

In diesem Falle wurden die konventionell gestalteten Mittel- und Heckpartien mit einer weich abgerundeten Front kombiniert, die offensichtlich von zeitgenössischen, hochmodernen amerikanischen Bussen beeinflusst war.

Vordere und hintere Partie des Chassis hatten beide Modelle gemeinsam, nur im mittleren Bereich besaß der B11 eine charakteristische Absenkung, um eine niedrige Einstiegsschwelle an der Tür und einen niedrigen Fahrzeugboden zu ermöglichen. Damit trotz der relativ langen Motorhaube die Beförderungskapazität erhalten blieb, wurde der Radstand des B11 gegenüber dem Frontlenker B10 verlängert.

In Verbindung mit der komplizierten mittleren Rahmenpartie bereitete die Radstandverlängerung einige Probleme, die jedoch schnell durch eine modifizierte Konstruktion behoben wurden. Der B11 entwickelte sich rasch zu einem beliebten Modell, besonders im ländlichen Schweden, wo konventionelle Busse mit Motorhaube bei vielen Busunternehmern immer noch als erste Wahl galten.

Die meisten B10- und B11-Busse wurden von einem 4,39-Liter-OHV-Motor mit 90 PS (FC) angetrieben, auch die Hesselman-Version FCH war weit verbreitet. Der FCH war wohl der am wenigsten erfolgreiche Hesselman-Motor bei Volvo und wurde nach einigen Jahren von der modifizierten Version FDH abgelöst. Die Kraftübertragung erfolgte durch ein unsynchronisiertes Viergang-Getriebe und eine konventionelle Hinterachse ohne Vorgelege, denn diese relativ kleinen Modelle waren lediglich für 30 Fahrgäste ausgelegt.

Mit zunehmender Verbreitung beider Modelle sowohl auf dem Lande als auch in städtischen Gebieten wuchs die Nachfrage nach höherer Beförderungskapazität. Das führte zur Präsentation des Frontlenkers B12 und des Haubenmodells B14, beide mit längerem Radstand. Der B12 wurde in relativ großer Zahl produziert, während sich die Nachfrage für den B14 in Grenzen hielt, denn der Bedarf an größeren Haubenfahrzeugen ging einher mit der Nachfrage nach höherer Motorleistung und Überladungsmöglichkeiten. Das mittelschwere Chassis des B14 schien diesen Anforderungen auf Grund des langen Radstandes zumeist kaum gewachsen.

10 und B11 wurden zunehmend bekannter, und bei Volvo dachte man an den Bau eines größeren Allroundbusses. Die Voraussetzungen dafür waren mit dem Erscheinen des Lkws LV19 im Jahre 1937 gegeben.

In den 30er Jahren wirkten die Busse oft ein wenig futuristisch wie dieser B11 der Stockholmer Straßenbahngesellschaft Stockholms Spårvägar.

Das Konzept eines luxuriösen Reisebusses ist nicht ganz neu. Oben ist ein solches Modell aus Norwegen abgebildet, das für Langstreckeneinsätze auf dem europäischen Kontinent auf einem B10-Chassis enstanden war. Das Schild „Oslo – Paris über Brüssel" mochte gleichwohl ein wenig zu anspruchsvoll sein.

Dessen schwerere Achsen und Rahmen ermöglichten die Produktion längerer Busse mit höherer Beförderungskapazität. Der neue B20 Frontlenker und das Hauben-Modell B22 eschienen und fanden weite Verbreitung, so dass Volvo jetzt auch in der Lage war sich um Aufträge für große Stadtbusse von öffentlichen Verkehrsbetrieben zu bemühen.

Allerdings setzten die 90-PS-Motoren einem ernsthaften Wettbewerb mit Scania-Vabis auf dem Stadtbusmarkt noch gewisse Grenzen.

	Motor-anordnung	Produktions- zeit	-zahl	Gesamtgewicht 4x2	Gesamtgewicht 6x2	Gesamtgewicht Gelenkbus	Hubraum cm³	Motor-leistung	Anmerkungen
B10/B11/B12/B14			1.523						
B10/B12	F (S/L)	1936–43					4.097/4.397	75–90 PS	Neues Design, abgelöst vom LV128B
B10				7.000 kg	–	–			Radstand 4,20 m
B12				7.200 kg	–	–			Radstand 4,70 m
B11/B14	N (S/L)	1936–42					4.097/4.397	75–90 PS	Neues Design, abgelöst vom LV128B
B11				7.000 kg	–	–			Radstand 4,70 m
B14				7.200 kg	–	–			Radstand 5,20 m
B20/B22/B23/B24									
B20/B23	F (S/L)	1937–42	329				4.397	90 PS	Nachfolger der B1/B4, ersetzt durch B510
B20				8.000 kg	–	–			Radstand 4,70 m
B23				8.000 kg	–	–			Radstand 5,20 m
B22/B24	N (S/L)	1937–42	319				4.397	90 PS	Nachfolger der B2/B3, nicht ersetzt
B22				8.000 kg	–	–			Radstand 5,20 m
B24				8.000 kg	–	–			Radstand 5,80 m

Die 30er Jahre waren ein Jahrzehnt zunehmender Urbanisierung, denn in Schweden hatte eine Landflucht eingesetzt, und die Bevölkerung der schwedischen Städte nahm entsprechend zu. So entstand ein rasch wachsender Bedarf für einen effizienten öffentlichen Nahverkehr, besonders im Hinblick darauf, den Beschäftigten der boomenden Industrie günstige Verbindungen zwischen Wohnung und Arbeitsplatz zu bieten.

Den Volvo-Oberen war bewusst, dass ihr Unternehmen bei den großen Stadtbussen nun in ernsthaften Wettbewerb mit Scania-Vabis eintreten musste. Bislang bezog sich dies auf den heimischen Markt, da – anders als bei den Volvo-Lkws – der Export von Bussen noch nicht begonnen hatte.

Der erste und naheliegende Schritt in den Markt war der Versuch, den Verkehrsträgern in der „Volvo-Heimatstadt" Göteborg, die noch loyale Scania-Vabis-Kunden waren, Volvo-Busse zu verkaufen. Das gelang im Herbst 1937 mit der Auslieferung der ersten großen Stadtbustypen B40 und B41.

Es waren die eindrucksvollsten Fahrzeuge, die bis dahin im Volvo-Werk Hisingen entwickelt worden waren, und zum ersten Mal erfolgte die Entwicklung fast ganz eigenständig, ohne auf vorhandene Lkw-Komponenten zurückzugreifen. Im Vergleich zu den Volvo-Lkws jener Jahre war der lange B41 ein wahrhaft großes Fahrzeug. Auch der Motor wies mit 6,7 Liter Hubraum und 120 PS erstmals angemessene Leistung auf und überzeugte die mächtigen Führungsetagen der öffentlichen Verkehrsträger in den schwedischen Städten.

Mit Radständen von 5,30 und 6,0 Meter konnten die ansonsten identischen Modelle 45 oder 53 Fahrgäste befördern.

Da Volvo zu jener Zeit bereits Kontakte zu vielen anderen Herstellern unterhielt, von denen man alle möglichen Fahrzeugkomponenten bezog, bereitete es keine Probleme, dass weder der kräftige Rahmen noch die schweren Achsen und Räder schon aus anderen Volvo-Modellen vorhanden waren. Volvo galt zwar als schwedischer Fahrzeughersteller, doch schon zu jener Zeit stammten viele der in den Pkws, Lkws und Bussen verwendeten Teile von Zulieferern aus USA, Großbritannien und Deutschland.

Volvo war ein fortschrittliches Unternehmen, das vorzugsweise moderne Entwicklungsprinzipien verfolgte. Allerdings zwangen die örtlichen Verkehrsbetriebe in Verbindung mit den Gewerkschaften als Interessenvertreter der Fahrer Volvo zur Übernahme einer Reihe von speziellen Design-Lösungen. Ein Beispiel dafür war die Forderung der Göteborger Verkehrsbetriebe, dass die

Um sicherzustellen, dass die Volvo-Mitarbeiter auch während des Krieges ihre Arbeitsplätze erreichten, wurden zwei Busse mit Holzgasgeneratoren ausgerüstet. Diese Busse wurden von Volvo-Mitarbeitern gefahren und verkehrten jeden Morgen und Abend. Zu jener Zeit lag das Volvo-Werk noch „draußen auf dem Lande", denn Göteborg war noch keine Großstadt.

Pedale in gleicher Weise angeordnet sein müssten wie bisher – in der bei Scania-Vabis üblichen Weise – mit der Kupplung links, dem Gaspedal in der Mitte und der Bremse rechts. Das muss eine interessante Geschichte gewesen sein, besonders für Fahrer, die sonst Fahrzeuge mit herkömmlicher Pedalerie gewohnt waren.

Beim B40 und B42 handelte es sich um moderne Fahrzeuge, die nicht nur leicht zu fahren, sondern auch einfach zu warten waren. So konnte beispielsweise der Motor zum Austausch oder für Überholungen einfach nach vorn ausgebaut werden.

Doch es gab bei Volvo noch eine Achilles-Ferse, denn die Firma konnte ihren Kunden keinen Dieselmotor offerieren. Die Alternative bestand im Hesselman-FAH-Motor, einem Abkömmling des FA-Benzinmotors. Erst nach dem Krieg war Volvo in der Lage, seinem Hauptkonkurrenten im Stadtbussegment Paroli zu bieten. Der B655 mit mittig angeordnetem Unterflurmotor konnte es in den 50er Jahren mit den Scania-Vabis-Modellen aufnehmen, die in jenen Jahren auf das Heckmotor-Konzept setzten.

Mit Blick auf den Verkauf in andere schwedische Städte, wie Stockholm oder Västeras, entwickelte Volvo den B50 und den B52. Sie basierten auf dem B40/41, boten jedoch technische Leckerbissen wie ein Lysholm-Smith-Automatikgetriebe aus der Fertigung von Atlas-Diesel in Stockholm. Die neuen Typen erschienen 1938 und 1940 und wurden von einem noch leistungsstärkeren Motor angetrieben, dem Hesselman FBH mit größerem Hubraum. Geraume Zeit vorher hatten die Motoren FB und FBH schon die kleineren Triebwerke des B40/41 ersetzt.

Die Bus-Chassis der 30er Jahre zeichneten sich durch einfache und robuste Konstruktion aus. Ein Beispiel war das B50-Chassis, das 1938 als erstes Volvo-Fahrzeug mit Automatik-Getriebe ausgestattet werden sollte.

	Motor-anordnung	Produktions-zeit	-zahl	Gesamtgewicht 4x2	Gesamtgewicht 6x2	Gesamtgewicht Gelenkbus	Hubraum cm3	Motor-leistung	Anmerkungen
B40/B41	F (S/L)	1937–46	115				6.728/7.564	120–135 PS	Der erste große Stadtbus, abgelöst vom B530
B40				10.000 kg	—	—			Radstand 5,30 m
B41				11.000 kg	—	—			Radstand 6,0 m
B50/B52	F (S/L)	1938–40	37				7.564	135 PS	Der erste Volvo-Bus mit Automatik-Getriebe
B50				13.000 kg	—	—			Radstand 5,30 m
B52				14.000 kg	—	—			Radstand 5,30 m

„Rundnasen-Busse“

Wie Volvo mit dem Bau von Bussen auf Lkw-Chassis begann, ist auf den Seiten 8-17 nachzulesen. Die Fortsetzung dieser Geschichte in heutiger Zeit steht auf den Seiten 132-133.

Es mag überraschend klingen, dass Volvo noch in den 40er Jahren ein Lkw-Chassis als Basis für einen Bus vermarktete, schließlich baute man bereits seit über zehn Jahren auch „richtige“ Busse. Die Erklärung ist ganz einfach: Volvo wollte die Preise für echte Bus-Chassis erschwinglich halten, und die maroden schwedischen Straßen erforderten eher Überlandbusse auf robusten Lkw-Chassis als die komfortableren Stadtbustypen.

Folglich fanden Lkws der Serien LV120 und LV125 auch eine gewisse Verbreitung als einfache Busse. Eine Erklärung dafür war sicherlich der Umstand, dass Volvo ganz bewusst Bus-Versionen auf Lkw-Chassis in diese Lkw-Baureihen eingeschlossen hatte. Die lieferbaren Radstände für die LV120 und LV125 reichten von 3,40 bis 4,70 Meter. Die Version mit dem längsten Radstand wurde speziell auf die Verwendung als Bus-Chassis hin zugeschnitten, indem man den Rahmen im Bogen über die Hinterachse führte, um einen niedrigen Fahrzeugboden zu ermöglichen.

Noch nach dem Krieg vermarktete Volvo mit dem LV128B aktiv eine spezielle Bus-Version auf einem Lkw-Fahrgestell, die als Frontlenkerbus mit stärkerer Lichtmaschine, Bremskraftverstärker und Kühlermaske 1.400 Kronen mehr kostete als der Standard-Lkw. Auch das kürzere LV127-Chassis wurde zum gleichen Mehrpreis mit Bus-Aufbau geliefert.

Volvos Konzentration auf den LV128B kann kaum überraschen, denn die eigentliche Bus-Baureihe B510 aus jenen Tagen war erheblich größer als das kleinste Vorkriegschassis (B10). Der LV128B füllte also eine Lücke, die andernfalls wohl von billigeren kleinen und mittelgroßen ausländischen Importen besetzt worden wäre.

Die „Rundnasen-Lkw“, die die Basis für den LV128B lieferten, wurden von 1939 bis 1954 gebaut. Auch eine ziemlich große Anzahl von konventionellen

Das große Foto oben zeigt einen wunderschön restaurierten Volvo L224 mit Skänninge-Aufbau. Auf dem kleinen Bild ist ein noch unrestaurierter LV123 mit Aufbau der Svenska Karosseri Verkstäderna in Katrineholm zu sehen.

Hauben-Bussen, vorwiegend für den Überlandverkehr und für solche Kunden, die die konzeptionsbedingten Vorteile wie einfacherer Zugang zum Motor des Haubenfahrzeugs zu schätzen wussten. Schließlich erforderten die Busse zu jener Zeit wesentlich höheren Wartungsaufwand als heutzutage.

	Motor-anordnung	Produktions-zeit	-zahl	Gesamtgewicht 4x2	Gesamtgewicht 6x2	Gesamtgewicht Gelenkbus	Hubraum cm3	Motor-leistung	Anmerkungen
LV128B	F (S/L)	c. 1947–48	*	7.150 kg	—	—	4.397	90 PS	Nachfolger des B10. Nicht ersetzt

* Es lässt sich nicht feststellen wie viele der 10.200 Lkws aus der Serie LV 125 während der Produktionszeit von 1939 bis 1949 mit Busaufbauten versehen worden sind.

Der „Per-Albin-Bus“ und die „Weißen Busse“

Die Fotos oben zeigen den Bus, der im Falle einer Invasion während des Zweiten Weltkrieges als schwedische Regierungszentrale dienen sollte. Auf der gegenüberliegenden Seite ist einer der berühmten „Weißen Busse“ von Bernadotte abgebildet.

Während des Zweiten Weltkrieges lieferte Volvo eine ganze Reihe von Bussen aus der Serie LV125 an die schwedischen Streitkräfte. Neben ihrer eigentlichen Aufgabe als Truppentransporter wurden sie für ein Vielzahl unterschiedlicher Aufgaben eingesetzt, etwa als mobiles Fotolabor oder als rollender Gefechtsstand. Der ungewöhnlichste Bus aus dieser Zeit, der heute im Militärmuseum in Malmköping ausgestellt ist, war der „Per-Albin-Bus“, der im Falle einer Invasion Schwedens als mobile Regierungszentrale dienen sollte, wenn die Regierung gezwungen sein würde, Stockholm zu verlassen. Der damalige Premierminister hieß Per Albin. Dieses besondere Modell blieb in seinem ursprünglichen Zustand erhalten, komplett mit Schlafräumen, einem Konferenzraum – und vor allem mit der kompletten Kommunikationsausrüstung.

Die bekanntesten Busse aus dieser Serie waren die „Weißen Busse“, mit denen unter Leitung des Grafen Folke Bernadotte in den letzten Kriegsmonaten die Beteiligten unter Einsatz ihres Lebens gewagte Rettungsaktionen durchführten, um mehr als 27.000 Menschen vor den nationalsozialistischen Konzentrationslagern zu retten und im neutralen Schweden in Sicherheit zu bringen.

B510 und B615

Vor dem Zweiten Weltkrieg galt das Automobil in Schweden mehr oder minder als moderne Kuriosität. Zwar gab es Tausende von Pkws, Lkws und Bussen im Lande, doch die Bevölkerung entfernte sich nur selten von ihren Wohnorten. Und wenn überhaupt, dann für gewöhnlich zu Pferde, mit der Eisenbahn oder auch mit dem Fahrrad oder Leichtmotorrad.

Doch mit dem Ende des Krieges kündigte sich eine neue Zeit an. Im Herbst 1944 veranstaltete Volvo in den königlichen Tennishallen in Stockholm eine große Ausstellung, die als Premierenfeier für den neuen „kleinen" Volvo PV444 in die Geschichte eingehen sollte.

Weniger bekannt, aber fast ebenso bedeutsam war die Vorstellung des neuen Volvo-Nachkriegsbusses B510. Das in Stockholm gezeigte Chassis war noch mit dem FE-Benzinmotor ausgerüstet, doch die Kunden wurden bereits darüber informiert, dass ein Volvo-Dieselmotor „im Anmarsch" sei. Verwirklicht wurde diese Ankündigung 1945 mit dem VDA (Volvo-Dieselmotor, Typ A), der an die Stelle des Hesselman-Motors trat. Die Verkehrsbetriebe zeigten sofort großes Interesse für das neue Modell, das bis 1952 in Rekordstückzahlen gebaut werden sollte.

Der B510 war eigentlich kein völlig neues Modell, sondern eine modernisierte und verstärkte Version des Vorkriegs-B20. Die Neuerungen fanden sich unter der Motorhaube, die natürlich im Fahrzeuginneren lag.

Auf der Ausstellung in Stockholm wurde lediglich ein einziges Exemplar mit Benzinmotor gezeigt. Der versprochene Diesel sollte ein hochmodernes Aggregat mit Direkteinspritzung für möglichst günstigen Verbrauch werden. Leider stellte sich bei den Erprobungen unter Leitung des damaligen Omnibus-Chefentwicklers Sigvard Forssell heraus, dass es praktisch unmöglich war, den Motor bei tiefen Temperaturen zu starten. Deshalb wurde das Triebwerk zum Vorkammer-Motor umgebaut, ließ sich nun leichter starten und lief ruhiger, allerdings zu Lasten des Verbrauchs. Später floss auch ein Direkteinspritzer, der VDC, mit dem gleichen Motorblock und ebenfalls 6,126 Liter Hubraum wie beim VDA, in die Serienfertigung ein.

Zwar galt der Diesel damals als letzter Schrei, gleichwohl stand beim B510-Bus auch der Benzinmotor FE zur Wahl, denn es gab noch viele Kunden, die sogar im Bus den Benzinmotor vorzogen. Dieses Triebwerk war ursprünglich für Militärfahrzeuge vorgesehen, wurde

Selbst Werbeleute machen Fehler. Der Umschlag des ersten Nachkriegsprospektes für den B510 (links) zeigt einen Trolley-Bus. In der nächsten Version erschien ein „echter" Volvo-Bus.

dann in beträchtlichen Stückzahlen auch in zivilen Fahrzeugen eingesetzt, erwarb sich auf Grund seines relativ hohen Verbrauchs jedoch nie besonderes Ansehen als einer der besseren Motoren bei Volvo. So wurde die Mehrzahl der Busse aus der Reihe B510 mit VDA/VDC-Dieselmotoren ausgeliefert.

Die Basisversion des B510 hatte den Einstieg hinter der Vorderachse, ebenso die Modelle B512 mit 4,70 m Radstand und B513 mit 5,20 m Radstand. Angeboten wurde auch eine kürzere Version (B511), die allerdings nie gebaut wurde. Sie war ursprünglich als Nachfolger für das Vorkriegsmodell B10 gedacht, aber da es unwirtschaftlich schien, den leistungsstarken B510 mit einem unnötig kurzen Chassis zu versehen, bot man den Kunden, die Busse in dieser kleineren Klasse suchten, modifizierte Versionen der Lkw-Reihen LV120 und LV125 an.

Zur gleichen Zeit erschienen die ersten mittelgroßen Busse mit Einstieg vor der Vorderachse, auf Höhe des Fahrers, und so beschloss Volvo die Einführung des B514-Ein-Mann-Modells, bei dem kein Schaffner mehr nötig war, da der Fahrer auch den Fahrpreis kassieren konnte. Im Vergleich zu den Basis-Versionen B523/B513,

Mit dem VDA konnte Volvo erstmals einen Dieselmotor für den Bus anbieten.

Eine Chassis-Zeichnung einer speziellen B514-Version mit Einstieg vor der Vorderachse.

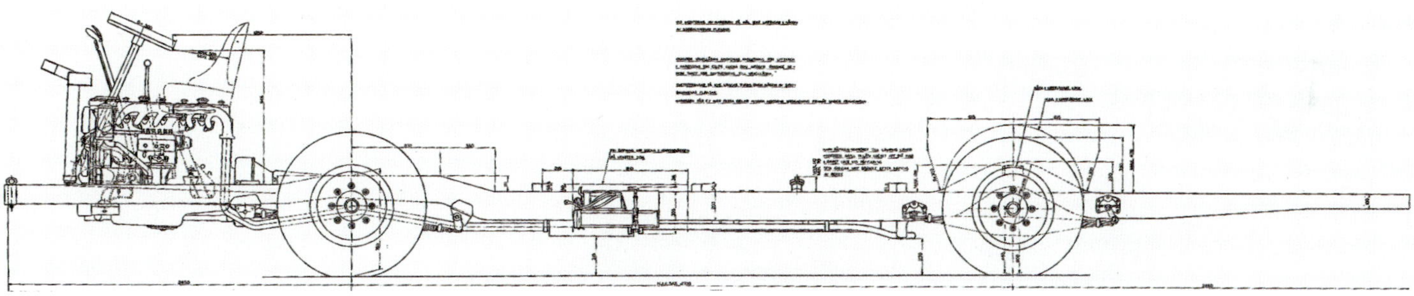

	Motor-anordnung	Produktions-zeit	-zahl	Gesamtgewicht 4x2	Gesamtgewicht 6x2	Gesamtgewicht Gelenkbus	Hubraum cm3	Motor-leistung	Anmerkungen
B510		1944–52	3.841	9.500 kg	—	—	5.655/6.126/6.724	95–105 PS	Nachfolger der B20/B23. Abgelöst vom B615/B614
B511	F (S/L)								Radstand 4,10 m
B512	F (S/L)								Radstand 4,70 m
B513	F (S/L)								Radstand 5,20 m
B514	FF (S/L)			10.500 kg	—	-			Radstand 4,70 m
B615	F (S/L)	1951–65	6.056	11.250 kg	—	—	6.126/6.724	100–125 PS	Nachfolger des B510. (Später) ersetzt durch BB57
B616/B61503									Radstand 4,70 m
B617/B61505									Radstand 5,20 m
B61506									Radstand 5,50 m
B61597									Radstand 5,90 m
B614	FF (S/L)	1951	60	10.500 kg	—	—	6.126	100 PS	Nachfolger des B514. Radstand 4,70 m
B6151	FF (S/L)	1954–59	225	10.500 kg	—	—	6.724	115–125 PS	Nachfolger des B614
B614F/B61515FF (S/L)									Radstand 5,20 m
B616F/B61513		FF (S/L)							Radstand 4,70 m

die in gewissem Maße zu schwedischen „Standard-Bussen“ sowohl auf dem Lande als auch im Stadtverkehr gerieten, hielten sich die Stückzahlen beim B514 in Grenzen.

Im Prinzip war der B510 ein altmodisches Modell, das sukzessive mit immer größeren Aufbauten versehen wurde, die besonders auf der Vorderachse immer höhere Belastungen mit sich brachten. Die Baureihe sollte acht Jahre lang, von 1944 bis 1952, gebaut werden. Noch langlebiger war ihr Nachfolger, der B615. Der Neuankömmling glich zwar äußerlich seinem Vorgänger, war aber in vielerlei Hinsicht verstärkt und verbessert worden. Während seiner gesamten Produktionszeit von 1951 bis 1965 wurde der B615 kontinuierlich modifiziert und modernisiert, beispielsweise mit Lenkhilfe und Druckluftbremsanlage.

Als Antriebsquelle diente dem B615 zunächst der gleiche VDC-Motor wie in der letzten Version des B510, bis der legendäre D67 erschien, dessen Leistung von 100 auf 115 PS angehoben worden war.

Wie das Vorgängermodell wurde auch der B615 in angepassten Versionen mit Einstieg vor der Vorderachse angeboten und erreichte deutlich höhere Stückzahlen als der B514.

Es sollte der letzte nennenswerte Verkaufserfolg unter den Volvo-Frontmotor-Bussen bleiben. Nach der Ablösung durch die B54- und B57/BB57-Reihe, spielten die Frontmotor-Modelle nur noch eine Nebenrolle, denn zumindest in den europäischen Industrienationen hatte sich das Mittelmotorkonzept durchgesetzt.

Dank ihrer robusten Konstruktion und der hohen Produktionszahlen blieben viele Busse der Serien B510 und B615 der Nachwelt erhalten.

Bis 1981 beschränkte sich Volvo ausschließlich auf die Chassisfertigung ohne eigene Aufbauherstellung. Das Foto oben zeigt vier fertige B514-Chassis bereit zur Auslieferung an einen unabhängigen Aufbauhersteller. Im Hintergrund eine Reihe von B512- oder B513-Chassis.

Im Bild oben der erste Volvo-Diesel-Bus, der B512, mit Aufbau der Svenska Karosseri Verkstäderna.

B530 und B635

Der B510 ging zwar als erster Volvo-Dieselbus in die Geschichte ein, das erste Nachkriegsprodukt des schwedischen Herstellers aber war die große, rundherum neue Stadtbusreihe B530, die praktisch von Null an auf ihren speziellen Einsatzbereich hin konstruiert werden konnte.

Auf der Volvo-Ausstellung vom September 1944 in den königlichen Tennishallen, auf der Volvo sein gesamtes Nachkriegsprogramm enthüllte, war der B530 noch nicht zu sehen, denn seine Entwicklung hatte gerade erst begonnen. Daher konnten diese neuen modernen Volvo-Busse nicht vor Ende 1946 ausgeliefert werden. In der Zwischenzeit mussten die Kunden, die das neue Modell bestellt hatten, weiterhin die B40/B41 mit ihren veralteten Hesselman-Motoren einsetzen.

Schon bei der Einführung des neuen 95-PS-Dieselmotors VDA (später 100 PS) war ersichtlich, dass es eines stärkeren Diesels für schwere Lkws und große Busse bedurfte. Also begann die Entwicklung eines größeren Vorkammermotors mit 8,6 Liter Hubraum. Er erhielt die Bezeichnung VDB und war für den Bus B530 wie auch für die Lkw LV29C und LV29V vorgesehen. Das C stand für „Civilian" und das V für „Vägverksvagn" (Straßendienstfahrzeug). Und zum ersten Male war für die Busse aus dem Volvo-Angebot kein Benzinmotor mehr lieferbar, stattdessen Diesel- oder Hesselman-Triebwerke.

Der B530 war hauptsächlich als großer Stadtbus gedacht. Damals bestand noch kein Bedarf für luxuriöse Reisebusse, auch wenn gelegentlich ein Volvo-Bus mit Gruppen abenteuerlustiger Touristen den Weg nach Europa fand, der ihnen sechs Jahre lang versperrt war. Die Kapazität des Fahrzeugs war schon auf den ersten Blick zu erkennen. Mit seinem eindrucksvollen Aufbau und großen Rädern bot er reichlich Sitz- und Stehplätze für eine große Zahl von Fahrgästen.

Ein besonderes Merkmal des B530 bildeten die Anordnung des K2-Getriebes in der Mitte des Chassis und die Kraftübertragung mit jeweils einer Kardanwelle zur Hinterachse und zum großen Dieselmotor am vorderen Ende des Chassis. Die erfolgreiche Entwicklung eines speziellen Getriebes eigens für dieses Modell verdankte Volvo dem erheblichen Aufkommen an militärischen Aufträgen während der Kriegsjahre. Das

Das B530-Chassis mit seiner langen Motorabdeckung und dem mittig angeordneten Getriebe war unverwechselbar.

K2-Getriebe war eigentlich nicht für den B530 entwickelt worden, sondern für die schwedischen Streitkräfte, vorzugsweise für die Verwendung in gepanzerten Kampfwagen. In der Volvo-Entwicklungsgeschichte nimmt es einen besonderen Platz als erstes synchronisiertes Getriebe ein, das in den Produkten des Unternehmens zum Einsatz kam.

Die Unterschiede zwischen den einzelnen Varianten des B530 lagen im Radstand, der für die Beförderungskapazität ausschlaggebend war. In der Produktplanung bei Volvo waren zwei Varianten vorgesehen: der

Die Entwicklungsphase eines Bus-Chassis bedeutete häufig eine harte Zeit für die Testfahrer, besonders im unwirtlichen schwedischen Winter, wenn nur ein provisorisches Fahrerhaus die Arbeit erträglich machte. Damals waren die Landstraßen gepflastert.

Der B530, hier mit einem Aufbau der Svenska Karosseri Verkstäderna, war ein eindrucksvoller Stadtbus. Seine drei Türen beschleunigten den Ein- und Ausstieg.

B531 und der B532. Die Version B533 war in der ursprünglichen Planung nicht enthalten, sondern erst auf Geheiß der städtischen Verkehrsbetriebe Malmö entstanden, deren Führung häufig sehr individuelle Konstruktionen bei ihren Fahrzeugen forderte.

1951 trat in den letzen drei Chassis an die Stelle des VDB-Diesels der viel effizientere, wirtschaftlichere und leistungsstärkere Direkteinspritzer-Diesel VDF mit 150 PS.

Im Jahr darauf löste der neue B635 den B530 ab, der in erster Linie für den Stadtverkehr entwickelt worden war. Der B635 wirkte weitaus moderner, das Getriebe war konventionell angeordnet, und es gab eine ganze Reihe Gemeinsamkeiten mit dem Lkw L395 Titan. Parallel zu dem hauptsächlich als Reisebus eingesetzten B635 baute Volvo den B655 mit Unterflurmotor, der sich rasch als leistungsfähiger Stadtbus durchsetzte und in der Größe etwa dem B635 entsprach. Der B635 blieb bis in die Mitte der 60er Jahre im Programm, bis die Konzeption mit Frontmotor in der schwersten Klasse überholt war. Seine Beliebtheit verdankte das Modell hauptsächlich seiner Vielseitigkeit und absoluten Zuverlässigkeit.

Der B635 wirkte in einer weiteren Hinsicht epochemachend, denn 1955 wurde er mit dem 185-PS-TD96AS-Turbomotor ausgerüstet – und so der erste Bus der Welt mit Abgasturbolader, wenn auch nur in geringen Stückzahlen. Erst der B715 kam als Bus mit Turbolader auf nennenswerte Produktionsziffern.

	Motor-anordnung	Produktions-zeit	-zahl	Gesamtgewicht 4x2	Gesamtgewicht 6x2	Gesamtgewicht Gelenkbus	Hubraum cm^3	Motor-leistung	Anmerkungen
B530	F (S/L)	1946–51	400	13.400 kg	—	—	8.725/9.603	135–150 PS	Nachfolger des B530. Ersetzt durch B635
B531									Radstand 5,50 m
B532									Radstand 6,00 m
B533									Radstand 5,70 m
B635		1952–65	3.577	13.750 kg	—	—	9.603	150–195 PS	Nachfolger des B40/B41. Nicht ersetzt.
B637	F (S/L)								Radstand 5,50 m
B637P	FF (S/L)								Radstand 5,30 m
B638	F (S/L)								Radstand 6,00 m
B638P	FF (S/L)								Radstand 6,00 m

Gegen Ende der 40er Jahre erfuhren die Busse im Rahmen einer Modernisierung der gesamten Produktpalette intensivere Modellpflege als jemals zuvor oder danach. Dazu trugen nicht nur die zielbewussten Anstrengungen einer kleinen Anzahl von Entwicklungsingenieuren bei, sondern auch die Verwendung gemeinsamer Komponenten für eine Vielzahl verschiedener Modelle – in ganz ähnlicher Weise wie in den 80er und 90er Jahren.

Der erste Bus der Baureihe 600, der B625 „Express", zählte zu den „sportlichsten" Bussen, die jemals bei Volvo gebaut wurden. Das Modell war speziell auf den Express-Verkehr in Nordschweden zugeschnitten, wo die Entfernungen groß und die Zahl der Fahrgäste klein waren.

Nach einer einfachen Formel entstand der B625 aus der Kombination des Chassis aus der mittleren Baureihe B510 mit dem leistungsstarken 8,6-Liter-VDB-Dieselmotor des B530. So herrschte der Fahrer jetzt über 135 PS statt der 95 oder 100 PS des 6,1-Liter-Motors im B510.

An dieser Stelle scheint es angebracht, das System der Modellbezeichnungen zu erläutern, das Volvo zur damaligen Zeit für seine Busse einführte und von 1949 bis 1966 beibehalten sollte. Dem Buchstaben „B", er bezeichnete natürlich das Bus-Chassis, folgte eine

Auf diesen Seiten ist ein restaurierter B727 „Skvader" abgebildet.

dreistellige Ziffernkombination. Deren erste Stelle gab die Modellgeneration an (z.B. „6" oder „7"), während die zweite Auskunft über die Größe des jeweiligen Fahrzeugs gab, von „0" für die kleinste bis „5" für die größte Ausführung. Die dritte Ziffer bezeichnete bei den Bussen ebenso wie bei den Lkws den Motortyp, und zwar mit „0" für Benzin- und „5" für Dieselmotoren. Da sämtliche Busse mir Dieselmotoren geliefert wurden, stand an der dritten Stelle der Typenbezeichnung stets eine „5".

Diese Bezeichnungsweise galt für die jeweiligen Modellreihen. Individuelle Varianten jedoch hatten ihre eigene Typologie, je nach Größe oder Radstand. Dabei war der Radstand an der dritten Stelle abzulesen, dort konnten die Ziffern 6; 7; 8 oder 9 stehen. Allerdings galt dies nicht für alle Modelle mit Einstieg vor der Vorderachse.

Nach einiger Zeit erwies sich das Ganze als unpraktikabel, denn es hieß, dass derselbe Bus zwei verschiedene Bezeichnungen tragen konnte. Ein B725 mit 5,2 Meter Radstand wurde auch als B727 bezeichnet. Um dies auszuschließen, führte man ein neues Bezeichnungssystem ein: dem Buchstaben B folgten fünf Ziffern, von denen die erste die Modellgeneration angab, die zweite die Größe des Modells, die dritte den Motortyp (Benzin oder Diesel), die vierte die Anordnung der Vorderachse (0 für die Normalausführung und 1 für die zurück versetzte Achse) und die fünfte den Radstand.

Der B625 gewann Bekanntheit und Anerkennung als „Skvader" (schwedische Bezeichnung für ein Fabelwesen, halb Hase und halb Wildhuhn), einer Hybridkonstruktion mit der Vorderpartie eines Busses und einem geschlossenen Laderaum oder einer Pritsche am Heck. Diese merkwürdige Kreuzung zwischen Bus und Lkw erfreute sich hauptsächlich im hohen Norden Schwedens gewisser Beliebtheit, und wird sogar heute noch gelegentlich gebaut, allerdings nicht als Fahrzeug für den kombinierten Personen- und Güterverkehr, sondern für gewöhnlich als Lkw, der ganz legal mit den für Omnibusse zulässigen höheren Geschwindigkeiten gefahren werden kann.

1949 erschien die Reihe B625 und schon drei Jahre später wurde sie vom weiterentwickelten B725 abgelöst. Von Anfang an erwies sich der B625 als zuverlässiges Produkt ohne Kinderkrankheiten. Den Hauptunterschied zum B725 machten dessen modernere Komponenten im Antriebsstrang aus.

	Motor-anordnung	Produktions-zeit	-zahl	Gesamtgewicht 4x2	Gesamtgewicht 6x2	Gesamtgewicht Gelenkbus	Hubraum cm³	Motor-leistung	Anmerkungen
B625	F(S/L)	1949-51	206	10.500 kg	—	—	8.725/9.603	135–150 PS	Erster „Expressbus". Abgelöst vom B725
B626									Radstand 4,70 m
B627									Radstand 5,20 m
B725	F(S/L)	1952–62	1.125	10.750 kg	—	—	9.603	150–162 PS	Nachfolger des B625. Nicht ersetzt
B727/B72505									Radstand 5,20 m
B72506									Radstand 5,50 m

In den meisten modernen Bussen ist der Motor am hinteren Ende des Chassis eingebaut. In den 90er Jahren setzte sich dieses Konzept auch bei den Volvo-Bussen durch, galt bei den Volvo-Konstrukteuren bis dahin jedoch als „fremdländisch".

Der erste Volvo-Bus mit Heckmotor, der B645, war zugleich das exklusivste Modell aus dem Werk Hisingen – ganze fünf Exemplare wurden produziert. Seine Entwicklung ist einzig und allein einem Wettbewerb zuzuschreiben, den die damalige Stockholmer Straßenbahngesellschaft (SS) veranstaltet hatte.

Traditionell beherrschte Scania-Vabis die SS-Bus-Flotte, lediglich ein paar Tidaholm-Busse Mitte der 30er Jahre und einige wenige Volvo-B50/B52 in den Jahren 1938-40 beeinträchtigten diese Vormachtstellung. In erster Linie ging dies auf das gegenseitige Vertrauen zurück, das sich zwischen den Führungen beider Unternehmen entwickelt hatte, und darauf, dass die Scania-Vabis-Zentrale in Södertälje strategisch näher an Stockholm lag als Göteborg.

Ende der 40er Jahre beschloss die SS die Anschaffung einer neuen Stadtbusgeneration, die auch den Anforderungen der 50er Jahre gerecht werden sollte. Bei einem Besuch in Amerika zeigten sich die SS-Verantwortlichen von einem Mack C50 „Metropol" mit quer eingebautem Heckmotor sichtlich beeindruckt. Allerdings schien es undenkbar, ohne Ausschreibung einen Auftrag zur Anschaffung einer größeren Anzahl von Bussen zu platzieren.

So wurde Volvo aufgefordert, Entwürfe für einen neuen großen Stadtbus mit quer eingebautem Heckmotor einzureichen. Zwar war Sigvard Forssell, seit 1940 als Buskonstrukteur bei Volvo und mit den Praktiken der Stockholmer Verkehrsbetriebe bestens vertraut, überzeugt, dass die Entscheidung für die Beschaffung von Lizenzbauten des Metropol bereits gefallen war, gleichwohl aber reagierte Volvo mit der kompletten Neuentwicklung des B645 auf die Ausschreibung.

Man beschloss, das neue Modell auf der Basis einer vorhandenen Konstruktion zu entwickeln, und entschied sich für ein B530-Chassis. Nach entsprechenden Verstärkungen im Heckbereich wurde einer der seinerzeit

Auf diesen Seiten ist ein B645 mit Aufbau der Aktiebolaget Svenska Järnvägsverkstäderna in Linköping zu sehen.

noch brandneuen VDF-Dieselmotoren am hinteren Ende quer eingebaut.

Die Kraftübertragung vom quer eingebauten Motor zur Hinterachse war natürlich ein kritischer Faktor. Das Problem wurde schließlich mit einem Winkeltrieb und einem Zweigang-Automatikgetriebe gelöst.

Anders als Scania-Vabis, die in Södertälje bereits Werksanlagen für die Produktion von Metropol-Aufbauten erworben hatten, dachte Volvo nicht an eine eigene Aufbauherstellung, sondern setzte auf die vertragliche Bindung an einen oder mehrere der damals recht zahlreichen selbständigen Aufbauhersteller Schwedens.

Genau wie Volvo erwartet hatte, ging der Hauptauftrag für die Stockholmer Busse an Scania-Vabis, die schließlich eine große Anzahl Metropols mit quer eingebautem Achtzylinder-Reihenmotor produzierten. Obwohl der Metropol mit seinem eleganten Styling und dem günstigen Wendekreis weithin bekannt wurde, blieb seine Verbreitung auf die schwedische Hauptstadt beschränkt. Im Nachhinein erwies es sich als glückliche Fügung, dass Volvo diesen Auftrag nicht erhielt, denn so konnte man die Energien auf die Entwicklung neuer Motorkonfigurationen für schwedische Busse konzentrieren. Dennoch trugen die Beziehungen, die Volvo zu den Stockholmer Verkehrsbetrieben geknüpft hatte später Früchte in Form namhafter Bus-Aufträge. Zweifellos trug langfristig dazu auch die Entwicklungsleistung bei, die im B645 steckte, denn besonders das Volvo-Kraftübertragungssystem erwies sich der Scania-Vabis-Lösung als überlegen, so dass auch die Kraftübertragung für den Metropol-Bus schließlich bei Volvo in Köping gefertigt wurde.

Wie bereits erwähnt wurden lediglich fünf Exemplare dieses historischen Busses gebaut, aber keiner blieb der Nachwelt erhalten, wenngleich alle ihre gesamte Lebensdauer hindurch im Einsatz blieben.

	Motor-anordnung	Produktions-zeit	-zahl	Gesamtgewicht 4x2	Gesamtgewicht 6x2	Gesamtgewicht Gelenkbus	Hubraum cm^3	Motor-leistung	Anmerkungen
B645 B646	B (S/T)	1950–51	5	13.400 kg	—	—	9.603	150 PS	Erster Heckmotorbus. Nicht ersetzt Radstand 6,00 m

Das Volvo-Hauptwerk Hisingen um 1950

Die Busproduktion beanspruchte einen kleinen, aber wichtigen Bereich im Volvo-Hauptwerk auf der Insel Hisingen, nördlich von Göteborg. Dieses handkolorierte Foto zeigt das Werk um 1950.

VOLVO

B655 und B755

Offen für neue Ideen arbeiteten die Volvo-Konstrukteure auf die Entwicklung einer neuen Generation von Bussen hin, die die ersten Nachkriegsmodelle, B510 und B530 ablösen sollten. So kam es, dass nicht nur Frontmotor-Typen zur Debatte standen, sondern auch Heckmotor-Busse, obwohl man bei Volvo damals noch nicht an die Vorteile dieses Konzeptes glaubte. Wie im vorigen Kapitel nachzulesen, entstand der B645 auf speziellen Kundenwunsch und nicht aus eigenen Überlegungen der Konstrukteure heraus.

Sigvard Forssell und John Stålblad reisten Ende der 40er Jahre nach England, um bei Leyland, dem führenden Bushersteller jener Jahre, die Möglichkeiten von Chassis mit Mittelmotor zu studieren. Sie stellten fest, dass Leylands Mittelmotor-Chassis ein beliebtes Modell war, das etliche Vorteile aufwies, so eine unveränderte Achslastverteilung bei unterschiedlichen Beladungszuständen oder reichlich Platz für den Einbau einer Einstiegstür vor der Vorderachse. Der Boden blieb dank des liegend eingebauten Motors niedrig – diese Konfiguration wird als „Unterflurmotor" bezeichnet. In

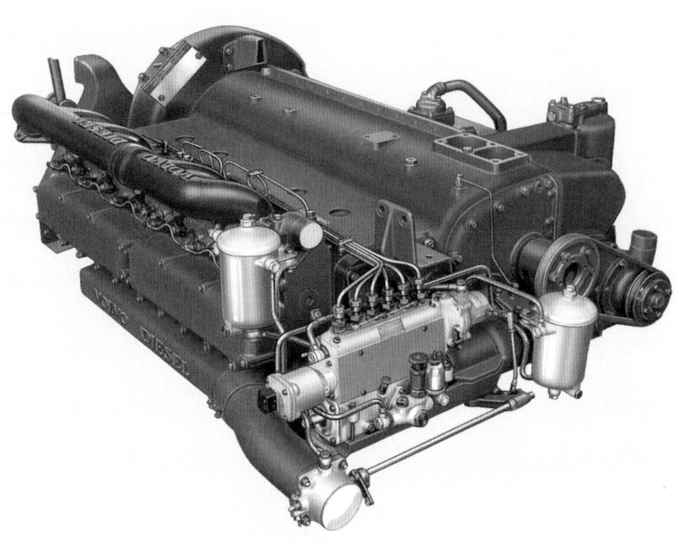

Der D96AL mit 150 PS war der erste Volvo-Diesel für liegenden Einbau.

Schweden freilich war mit nennenswerten Aufträgen für Mittelmotor-Busse zur damaligen Zeit noch nicht zu rechnen, und so stellte Volvo diese Ideen vorläufig zurück. Scania-Vabis wiederum baute einige wenige Busse dieses Typs, ehe man beschloss, sich auf den Metropol mit Heckmotor zu konzentrieren.

Anfang 1950, als die Entwicklung des B645 für Stockholm auf Hochtouren lief, empfing Volvo Besuch von der Straßenbahngesellschaft Odense in Dänemark. Die dänische Delegation überbrachte die Nachricht, dass Odense binnen 22 Monaten, nämlich zum 1. Juli 1952,

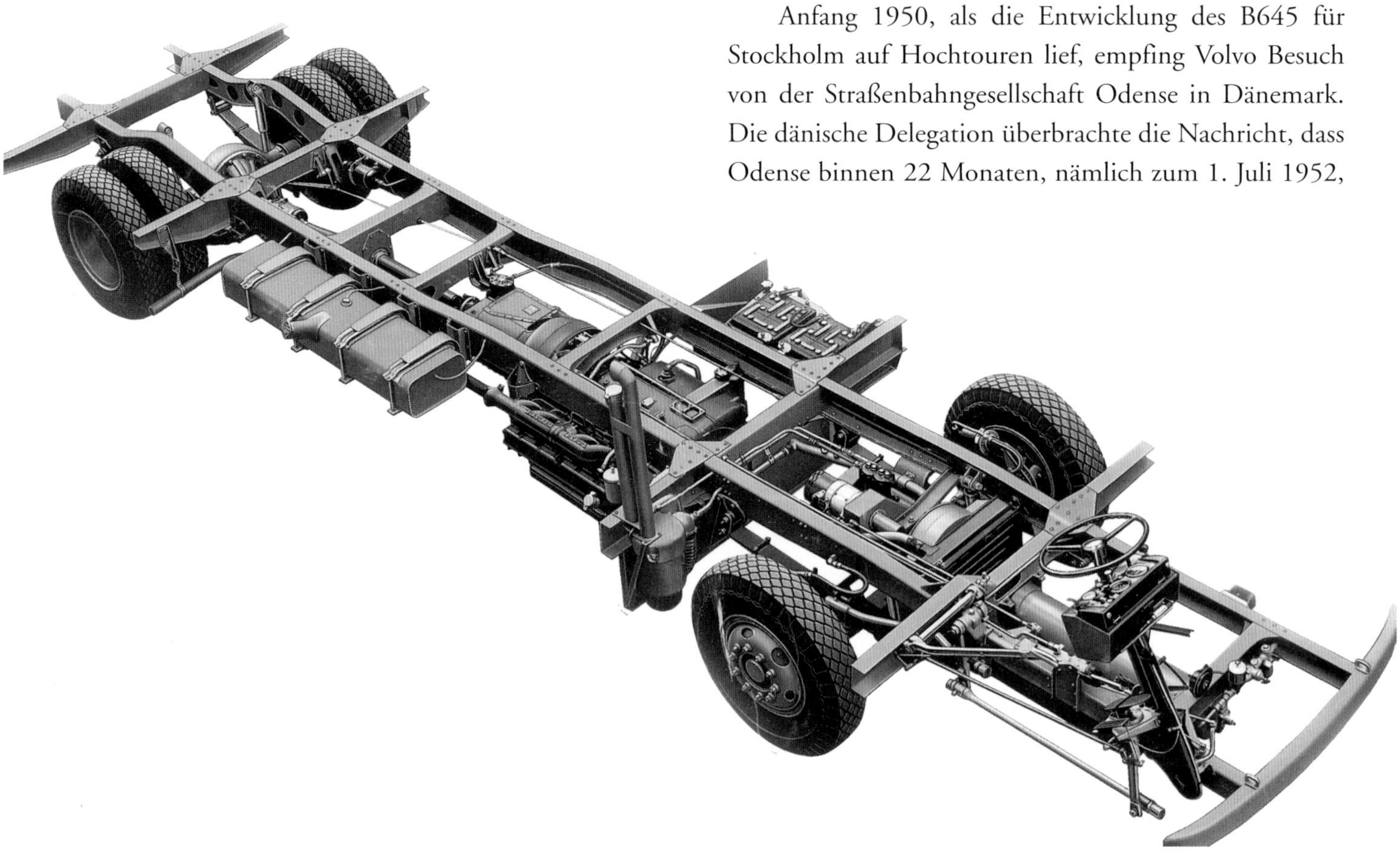

Ein B655-Chassis auf einem retuschierten Foto aus den 50er Jahren.

seine Straßenbahnen ausmustern und durch eine Flotte von Volvo-Bussen ersetzen wolle. Es sollten Fahrzeuge mit Unterflurmotor sein.

Der Vertrag sah außerdem vor, dass binnen 12 Monaten ein Chassis-Prototyp zu entwickeln sei. Tatsächlich beanspruchte der Bau dann 14 Monate, doch das bereitete keine ernsthaften Probleme; höchstens für den dänischen Aufbauhersteller, dem entsprechend weniger Zeit für seine Arbeit blieb.

Die dramatische Neuigkeit löste bei den Volvo-Mitarbeitern Jubel aus – gemischt mit einiger Besorgnis, denn selbst mit Hilfe von Computern wäre es heute kaum möglich einen komplett neuen Bus in solch kurzer Zeit zu entwickeln. 1950, ohne solche Hilfsmittel und mit gerade einer Handvoll Konstrukteure, muss die Aufgabe wahrhaft furchterregend erschienen sein.

Nach Erfahrungen sowohl mit dem Volvo B510 als auch mit Leyland-Bussen hatten die Stadtoberen von Odense schon fast sicher beschlossen, dass sie eine Kombination aus Leylands moderner Konstruktion und Volvos schwedischer Qualität wollten. Letztere war ihnen aus den Erfahrungen mit dem etwas betagten B510 bekannt. Für Volvo sprach außerdem, dass die Stadt über eine große Flotte von Volvo-Entsorgungs-Lkws verfügte.

Odense benötigte Mittelmotor-Busse mit extrem kurzem Radstand, 5 Meter bei der ersten Variante des B656, um die Manövrierbarkeit in den engen Altstadtstraßen zu erleichtern und gleichzeitig Bewegungsfreiheit für die Fahrgäste vorn, neben dem Fahrer und auf der hinteren Plattform zu gewährleisten.

Der dänische Spielzeughersteller Tekno produzierte ein Modell des B655 in Normalversion und als Sparbüchse.

Sigvard Forssell war der Mann hinter den ersten dieselgetriebenen Volvo-Mittel- und -Heckmotor-Bussen.

Intensive Entwicklungstätigkeit setzte ein. Sigvard Forssell leitete als Projektmanager die Arbeit am Chassis, während die Motorenabteilung unter John Stålblad eine Version des neuen D96-Dieselmotors für liegenden Einbau konstruierte. Stålblads enthusiastischster Kollege dabei war der legendäre Bertil Häggh – „Mr. Turbo". In der Grundkonstruktion und in der Leistung entsprach der D96AL dem normalen D96AS, wobei das „D" für Diesel stand, die 96 den Hubraum (9.6 Liter) angab, „A" die Version und „L" oder „S" liegenden oder stehenden Einbau. Der grundlegende Unterschied zwischen beiden Ausführungen bestand in der modifizierten Ölwanne, die für das Schmiersystem bei liegendem Einbau erforderlich war.

Im Dezember 1951, ein paar Monate später als geplant und erhofft, war das erste B655-Chassis fertig. Für das kleine, aber begeisterte Entwicklungsteam bedeutete dies eine bemerkenswerte Leistung. Da das Chassis zur Aufbaumontage dringend nach Dänemark geschafft werden musste, blieb keine Zeit für die Erprobung im herkömmlichen Sinne.

Das neue Mittelmotor-Chassis war eine Sensation in der schwedischen Omnibuswelt. Die Führungskräfte und Gewerkschaftsvertreter aller namhaften Verkehrsgesellschaften wurden zu Testfahrten rund um das Volvo-Lkw-Werk eingeladen. Dafür wurde das nackte Chassis

Ein halbes Jahrhundert hindurch waren Volvo-Mittelmotor-Busse die bekanntesten Typen in Dänemark. Dem ersten, 1951 in Odense ausgelieferten B655 (oben links) folgten Modelle wie der B755 für die dänischen Staatsbahnen (oben rechts).

mit einfachen Sitzbänken versehen. Im Laufe einer Woche nutzten buchstäblich Hunderte dieser Gäste die Gelegenheit zur Testfahrt, und ermöglichten Sigvard Forssell so eine erste Beurteilung des Fahrverhaltens beim neuen Modell. Um die Vorführungen/Tests einigermaßen an die tatsächlichen Einsatzbedingungen anzupassen, wurde eine Hälfte der „Touren" ums Werk im Uhrzeigersinn gefahren, die andere im Gegensinn.

In den 50er Jahren wurden neben den Mittelmotor-Typen in wachsender Zahl auch Busse mit Frontmotor gebaut.

Noch vor dem Neujahrstag 1952 wurde das erste B655-Unterflur-Chassis nach Odense gefahren und erhielt dort seinen Aufbau als erstes Fahrzeug in der ersten Volvo-Mittelmotor-Busflotte der Welt. Das historische Chassis ist erhalten geblieben und ist heute im Museum Skjøldenäsholm bei Roskilde in Dänemark ausgestellt.

In technischer Hinsicht war der B655 äußerst modern, so besaß er schon vom Produktionsstart an Druckluftbremsen – zu jener Zeit eine revolutionäre Neuerung. Nach einigen Jahren kam eine Lenkhilfe hinzu. Beides wurde bald zum Standard bei den anderen Modellen und vereinfachte die Arbeit des Busfahrers auch bei „weniger fortschrittlichen" Modellen als dem revolutionären neuen B655.

Gegen Ende der Produktionszeit erhielt das Modell eine Luftfederung, die allerdings nur als Unterstützung für die herkömmlichen Blattfedern diente. Gleichwohl markierte es einen weiteren bemerkenswerten Fortschritt.

Für einige wenige privilegierte Fahrer bedeutete die Einführung des bei Volvo entwickelten Automatikgetriebes „Volvomatic" eine willkommene Zugabe. Unter der technischen Bezeichnung DRH-1 kam das Aggregat

bei einer kleinen Anzahl B655-Modellen zum Einsatz, unmittelbar bevor 1963 die modifizierte Version B755 eingeführt wurde.

Im Vergleich mit den späteren Mittelmotor-Modellen wurden der B655 und der unter anderem mit einem verbesserten Antrieb für den Kühlerventilator modifizierte B755 in relativ kleiner Zahl gebaut. Sie bereiteten jedoch den Weg für einen Bus-Typ, ohne den Volvo heute wohl als „vormals Bushersteller" bezeichnet werden müsste.

Der B655 wurde als Stadtbus eingeführt. Niemand konnte voraussehen, dass sich die Volvo-Mittelmotor-Modelle schrittweise zu komfortablen Reisebussen entwickeln würden, denn derartige Fahrzeuge hatten – zumindest im Schweden der 50er Jahre – den Motor vorn.

	Motor-anordnung	Produktions-zeit	-zahl	Gesamtgewicht 4x2	Gesamtgewicht 6x2	Gesamtgewicht Gelenkbus	Hubraum cm^3	Motor-leistung	Anmerkungen
B655	M (H/L)	1951–64	2.573	15.000 kg	—	—	9.603	150 PS	Erster Mittelmotor-Bus
B656/B65504									Radstand 5,00 m
B657/B65506									Radstand 5,00 m
B658/B65508									Radstand 6,00 m
B755	M (H/L)	1963–65	652	15.000 kg	—	—	9.603	150 PS	Nachfolger des B655. Abgelöst durch B58
B75506									Radstand 5,50 m
B75508									Radstand 6,00 m

Ein Volvo B705 mit Aufbau von Wiima in Finland, heute Teil der Volvo Bus Corporation.

Im Jahre 1958 kehrte Volvo, nachdem man zwischenzeitlich immer größere Busse gebaut hatte, mit der Vorstellung des B705 in die Nische der mittelgroßen Modelle zurück. Der B705 bildete das Bindeglied zwischen der mittleren Lkw-Reihe und den großen Bussen, für damalige Zeiten ein recht umfassendes Angebot.

Unter dem Decknamen „Sigvard" – zu Ehren des Volvo-Bus-Chefentwicklers Sigvard Forssell – entstand mit dem B705 nach einer Anfrage eines Omnibusbetriebes aus der Stockholmer Gegend ein kompaktes, aber geräumiges Modell für den Einsatz auf Strecken, die trotz geringen Fahrgastaufkommens wichtig genug waren, um einen regelmäßigen Busverkehr zu rechtfertigen.

Tatsächlich war das Modell als später Nachfolger für die Vorkriegsmodelle B10 und B12 anzusehen, die etwa 30 Fahrgäste befördern konnten.

Der B705 basierte auf Komponenten aus der mittleren Lkw-Baureihe L375 „Starke". Mit anderen Worten: als Antriebsquelle diente der kleinste Volvo-Diesel, der D47 mit 95 PS, und das Getriebe kam von ZF (Zahnradfabrik Friedrichshafen). Das Zweikreis-Bremssystem mit Bremskraftverstärker entstammte ebenfalls dem L375. Die Entwicklung verlief ziemlich rasch und das neue Modell – heute würde man es als „Midibus" bezeichnen – stand Ende 1958 zur Vorführung beim Auftraggeber bereit.

Dessen Interesse war mittlerweile stark abgekühlt, denn es hatte sich gezeigt, dass der Betrieb zwar an den Wochentagen Busse mit geringerer Kapazität erlaubte, am Wochenende jedoch größere Modelle nötig waren, um die Fahrgäste ans Meer zu befördern. So entschied man sich für den Einsatz größerer Busse auch an den Werktagen, statt für die Wochenenden zusätzliche Fahrzeuge anzumieten.

Ungeachtet dessen entwickelte sich der B705 zu einer wertvollen Ergänzung im Volvo-Stall, und in der sechsjährigen Bauzeit verließen über 600 Exemplare das Werk.

Der D47A-Motor in der Version für den Bus B705.

Bei seiner Einführung erfüllte das Modell eine wichtige Aufgabe. Bis zum Ende der 50er Jahre wurde eine beträchtliche Anzahl schwedischer Busse immer noch auf Lkw-Chassis gebaut. Das änderte sich erst mit dem B705. Von nun an umfasste das Angebot zumeist auch ein kleines „echtes" Bus-Chassis, das für den Einsatz als Schulbus, im Liniendienst mit geringem Fahrgastaufkommen oder als Flughafenzubringer gedacht war.

Der B705 war ein robustes Modell, das sich dank seines kurzen vorderen Überhangs durch besondere Handlichkeit auszeichnete. Ein Nachteil dieses Konzepts war mangelnder Platz für eine vordere Tür, so dass das Modell eher altmodisch als zukunftsweisend anzusehen ist. Anders der Nachfolger B54, der im Gegensatz zum B705 dank des Einstiegs vor der Vorderachse bereits für den Einmannbetrieb vorbereitet war.

	Motor-anordnung	Produktions-zeit	-zahl	Gesamtgewicht 4x2	Gesamtgewicht 6x2	Gesamtgewicht Gelenkbus	Hubraum cm^3	Motor-leistung	Anmerkungen
B705 B70501 B70503	F (S/L)	1958–64	646	8.500 kg	—	—	4.703	90–95 PS	Abgelöst durch B54 Radstand 4,10 m Radstand 4,70 m

B58 Gelenkbus

Der erste Volvo-Gelenkbus (wie dieser von Vaxholms Trafik AB) besaß einen 16,7-Meter-Aufbau von Hägglund.

1967

Vom Start weg erwies sich der B58 mit seinem über 200 PS starken Turbo-Motor, der platzsparend unter dem Wagenboden angeordnet war, als großer Erfolg. Darüber hinaus sollte das Modell – wenigstens anfangs – den skandinavischen Verkehrsbetrieben klar machen, dass die Beförderungskapazität bei gleichen Lohnkosten durch einen etwas höheren Kapitaleinsatz gesteigert werden konnte, und das bei annähernd gleichem Kraftstoffverbrauch und geringerer Umweltbelastung pro Fahrgast. Erreicht wurden diese Ziele mit dem B58-Gelenkbus.

Das Konzept des Gelenkbusses war keineswegs neu, denn schon Jahre zuvor kursierten derartige Ideen bei Volvo. In der Kundenzeitschrift „Ratten“ hatte Sigvard Forssell Ende der 40er Jahre beschrieben, wie ein Modell solchen Typs den Busverkehr revolutionieren könnte. Allerdings führten traditionelle Denkweisen und die daraus resultierende begrenzte Nachfrage nach Bussen in solcher Größe zu einer Verschiebung des Erscheinungstermins der ersten Volvo-Gelenkbusse um fast 20 Jahre – bis 1967.

Als erster Motor bot der neue aufgeladene TDH100 ausreichend Leistung für schwere Gelenkbusse, wenngleich es bei Volvo internen Widerstand gegen diesen Typ gab. Einmal mehr jedoch sollte die Macht der Kundennachfrage die entscheidende Rolle für den künftigen Erfolg spielen.

Zu jener Zeit bestand bei der Stockholmer Straßenbahngesellschaft (SS) beträchtliche Abneigung gegen Volvo. Die Verantwortlichen dort bevorzugten Scania-Vabis und sogar Import-Busse. Den Omnibusverkehr im Norden der schwedischen Hauptstadt hingegen betrieben die schwedischen Staatsbahnen (SJ) unter der Leitung des dynamischen Tage Johansson, dem viel daran lag, mit dem Einsatz von Gelenkbussen den Betrieb zu straffen. In Verhandlungen mit Volvo kam man überein, Hägglund & Söner in Örnsköldsvik mit dem Bau eines Volvo-Gelenkbusses mit einem Hägglund-Aufbau nach dem Muster des damaligen Mercedes-Benz O317 mit Schenk-Hinterwagen zu beauftragen. Obwohl auch Hägglund von der Idee nicht gerade begeistert war –– der Kunde hatte das Sagen, und die Entwicklung des Projekts nahm ihren Lauf.

Eine Anfangsserie von 25 Fahrzeugen wurde für die SJ gebaut. In der Zwischenzeit allerdings hatten die Staatsbahnen die Verantwortung für den Busbetrieb in Nord-Stockholm an die neu gegründete Verkehrsgesellschaft Stockholm (SL) abgetreten, die sich gegen das neue Modell entschied. So wurden denn die 25 B58-Gelenkbusse auf die verschiedenen SJ-Gesellschaften in ganz Schweden verteilt und wurden gerühmt ob ihres exzellenten Fahrverhaltens, ihres, dank der lenkbaren Hinterachse – die aus einer modifizierten Volvo-Vorderachse entstanden war –, kleinen Wendekreises, ihrer hohen Beförderungskapazität und der niedrigen Betriebskosten.

Tage Johansson wurde 1969 zum Chefingenieur der SL berufen, und als die Zeit näher rückte, Busse mit

Die Geschichte der Volvo-Gelenkbusse begann in den 60er Jahren in Göteborg mit den Hägglund-Aufbauten.

Der Volvo-Trolley-Bus ist ein Modell, das nur in der Schweiz existiert.

hoher Beförderungskapazität für die Strecke zwischen dem Flughafen Arlanda und der Innenstadt zu beschaffen, fiel die Wahl auf den Volvo-Gelenkbus. Damit begann ein Siegeszug um die ganze Welt.

Den größten Erfolg feierte das Modell als Beförderungskonzept in Skandinavien und in den Niederlanden, außerdem in Südamerika, wo es 1990 als B58 Metrobus eingeführt wurde. Die brasilianische Stadt Curitiba setzte verlängerte B58 mit zwei Gelenken als Teil eines integralen Beförderungssystem ein und erreichte so die gleiche Flexibilität und Sicherheit wie ein herkömmliches Straßenbahnsystem, aber zu einem Bruchteil der Investitionskosten (vgl. S. 110-111)

In Skandinavien sind Gelenkbusse traditionell mit einer einzelbereiften, gelenkten dritten Achse ausgestattet, was einen unübertroffenen Wendekreis ermöglicht, da die dritte Achse entgegengesetzt zur Vorderachse eingeschlagen wird. Allerdings sinkt dadurch die Nutzlast gegenüber einem Hinterwagen mit herkömmlicher Zwillingsbereifung. Volvo bot neben der „traditionellen" Konfiguration schon bald eine solche Variante mit höherer Nutzlast an, die neben den üblichen Sitzplätzen eine größere Anzahl von Stehplätzen erlaubte.

Abgesehen von Skandinavien erfreute sich der B58-Gelenkbus großer Beliebtheit in Ländern wie der Schweiz, deren Verkehrsbetriebe die Umwelteigenschaften des Modells weiter verbesserten, indem sie den Dieselantrieb durch leistungsstarke Elektromotoren aus heimischer Fertigung ersetzten. Sie boten ausreichende „grüne" Leistung, um sommers wie winters die voll besetzten Trolley-Busse in der bergigen Schweiz zu betreiben.

Griechenland zählte zu den Ländern, in denen der Gelenkbus rasch an Beliebtheit gewann.

Während einer höchst expansiven Periode leistete der Omnibusbau einen wichtigen Beitrag bei der Neuausrichtung des Volvo-Konzerns in Richtung Dezentralisierung und Verschlankung.

In den Jahren vor der 1967 in Schweden durchgeführten Umstellung auf Rechtsverkehr verbuchte Volvo geringere Erfolge als viele andere Bushersteller. Auf Grund der langjährigen Verbindung zur damaligen Stockholmer Straßenbahn (SS) operierte Scania-Vabis erfolgreicher als Volvo, zudem deckten die Stockholmer Behörden ihren Bedarf auch mit Importbussen (vgl. S. 90). Nach den beträchtlichen Investitionen für die Umstellung von 1967 war es klar, dass erst wieder in 10-14 Jahren, wenn die gerade beschafften Busse verschlissen wären, in Schweden, dem Hauptmarkt für Volvo, in nennenswertem Umfang Neuinvestitionen für Busse anstünden. Außerdem schien sich abzuzeichnen, dass die Busse der Zukunft nicht mehr auf herkömmlichen Chassis aufgebaut, sondern in selbsttragender Bauweise konstruiert würden.

Zu jener Zeit widmete sich Volvo vorwiegend dem Pkw-Bereich. Die Serie 140 war gerade vorgestellt worden, und die Konzernleitung unter Gunnar Engelau erwog die Einstellung der Omnibusfertigung.

Es gab jedoch einige Mitarbeiter im Konzern, die sich dem Omnibusbau verschrieben hatten, und es ist deren Engagement und Fachwissen zu verdanken, dass dieser Geschäftszweig gerettet wurde, der heute weltweit der zweitgrößte seiner Art ist.

Stig-Arne Olson erhielt den Auftrag, zu untersuchen, wie die Volvo-Busproduktion stillgelegt werden könnte. Er war ein ausgewiesener Fachmann auf dem Gebiet, denn er hatte seine Laufbahn als Mitglied jenes Teams begonnen, das den B645 konstruiert hatte, den ersten Volvo-Heckmotorbus (vgl. S. 42-43). Er schlug als Alternative zur Schließung nach einem Plan von Ulf af Trolle, dem damaligen Kanzler der Göteborger Wirtschaftsakademie, eine produktorientierte Organisation der Volvo-Gruppe vor, darunter auch eine separate Omnibus-Division. Entgegen allen Erwartungen fand Olsons Plan Zustimmung, und die neue Volvo Bus Division wurde mit einer kleinen Belegschaft und eigener Fertigungsstätte innerhalb des Lkw-Werkes Lundby bei Göteborg gegründet. Stig-Arne Olson, der selbst 1975 an die Spitze des Lkw- und Omnibusgeschäfts in Großbritannien berufen und 1981 Chef des gesamten Omnibusgeschäfts bei Volvo wurde, schlug Helge Castell als ersten Leiter der neuen Gesellschaft vor. Er selbst avancierte zum Marketingmanager, Rune Hansson zum Servicemanager und Leif Andersson zum Vertriebsmanager für die wichtigen nordischen Länder.

Nach dem Muster der Volvo Bus Division entstanden jetzt auch separate Pkw- und Lkw Divisionen bei Volvo, die allerdings erst viel später zu rechtlich eigenständigen Gesellschaften mutierten.

Die Volvo Bus Division zählte zwar noch zur Volvo-Muttergesellschaft, bestand aber seit 1968 als eigenständiges Unternehmen. Dies war der Startschuss zu einem bemerkenswerten internationalen Wachstum. Helge Castell profitierte von kürzeren Entscheidungswegen und stärkerer Unabhängigkeit, und so konnten sich beträchtliche Exporterfolge auf etlichen

1987 bezog die Volvo Bus Corporation ihre eigene Hauptverwaltung in Torslanda in unmittelbarer Nähe der Fertigungsstätten, wo auch die Entwicklungsabteilung residiert.

Stig-Arne Olson rettete Mitte der 60er Jahre die Omnibusfertigung bei Volvo, während das damalige Management sich auf den Pkw-Bereich konzentrierte und die Einstellung der Bus- und Lkw-Produktion erwog.

neuen Märkten entwickeln. Zumeist europäische Länder, wie die Schweiz, Großbritannien und Frankreich, doch auch Überseemärkte, so Australien und Fernost, entwickelten sich zu wichtigen Brückenköpfen für die globale Expansion, die Volvo in den 90er Jahren vollzog. Sämtliche Nachfolger Helge Castells, ob Rolf Söderhelm, der von 1972 bis 1981 an der Spitze stand und einen entscheidenden Beitrag zu Volvos Engagement in der Entwicklung effizienter und umweltverträglicher Verkehrsmittel in aller Welt leistete, ob Stig-Arne Olson (1981-1985), Larserik Nilsson (1985-1991), Björn Larsson (1991-1998) oder Jan Engström (seit 1999) – sie alle schafften es, sowohl die Zahl der Exportmärkte zu erhöhen, als auch die Stückzahlen auf den traditionellen Märkten zu steigern.

Noch residierte die Leitung der Volvo Bus Division mit dem Management der übrigen Produkt-Divisionen unter einem Dach, und die Busse wurden noch im gleichen Werk produziert wie die viel zahlreicheren Lkws.

So bedeutete die Einweihung des neuen Montagewerkes der Volvo Bus Division in Viared bei Borås einen wichtigen Schritt zur Unabhängigkeit, denn jetzt konnten Busse in flexibler und effizienter Weise gebaut werden, ohne ständig auf Prioritäten anderer Produktionszweige Rücksicht zu nehmen. Zugleich gewann die 1969 gegründete Volvo Lkw Division durch die Verlegung zusätzliche Produktionskapazitäten zu einer Zeit als die ersten Exemplare der Lkw-Verkaufsschlager F10 und F12 zu den erwartungsvollen Kunden rollten.

Der Schritt zur völligen Unabhängigkeit erfolgte 1983 mit der Gründung der Volvo Bus Corporation (VBC) als „erwachsene Tochter" der Volvo-Gruppe, wenngleich die Bindung an die Lkw-Division, die stets das größere Unternehmen war, nach wie vor bestand. Die Komponentenentwicklung im Volvo-Lkw-Bereich – ganz besonders im Hinblick auf neue, effizientere und umweltfreundlichere Motoren – ist auch entscheidend für die künftige Entwicklung der Busse.

Den vierten und entscheidenden Schritt zur vollen Autonomie bedeutete 1995 die Berufung von Björn Larsson, dem Chef der Volvo Bus Corporation, in den Konzernvorstand, wo der Busbereich bis dato durch Karl-Erling Trogen aus der Lkw-Division vertreten war.

Die organisatorischen Veränderungen sollten nicht überbewertet werden, denn ausschlaggebender für den kurz- wie auch langfristigen Erfolg sind technische Innovationen, Qualität und die Erfüllung von Bedarf und Ansprüchen der Kunden. Die unabhängige Position, die sich die Personen und Abteilungen innerhalb des Omnibusbereiches bei Volvo gesichert haben, dürften nichtsdestoweniger entscheidende Bedeutung für das kontinuierliche Wachstum der Volvo Bus Corporation zu einem der führenden Bushersteller in der Welt genießen. Dies gilt ganz besonders für die 80er und 90er Jahre, als strategische Akquisitionen und die komplette Produkterneuerung das Unternehmen im Grunde von einem schwedischen Bushersteller mit einem gewissen Exportanteil zu einem globalen Produzenten mit einer starken Basis in Schweden transformierten.

Ungeachtet des allgemeinen Trends zum Heckantrieb mussten bei Volvo 20 Jahre vergehen, ehe der erste Heckmotorbus, der B545, einen Nachfolger mit gleicher Konfiguration fand. Der wichtigste Grund dafür bestand darin, dass Volvos heimischer Mitbewerber Scania-Vabis alle seine Busse – ob Stadt-, Linien- oder Reisebus – auf einem Chassis mit Heckmotor aufbaute.

Nach diesem langen Zeitraum setzte Volvo bei den neuen, 1971 vorgestellten Heckmotor-Bussen auf ein äußerst modernes Chassis. Im Gegensatz zu anderen Herstellern, die den Motor im Heck längs oder quer stehend einbauten, blieb Volvo bei den gleichen liegend eingebauten Turbomotoren, wie sie schon zuvor beim Mittelmotor-B58 eingesetzt worden waren.

Der liegend unter dem Wagenboden angeordnete Motor ermöglichte den Konstrukteuren, einen niedrigen Wagenboden im vorderen Bereich mit einer leicht ansteigenden hinteren Partie ohne Stufe zu kombinieren.

Für seine Zeit glänzte das neue Modell mit der Bezeichnung B59 durch exzellente Umwelteigenschaften. Der Einsatz des Turboladers reduzierte einerseits die Schadstoffe im Abgas, andererseits senkte er das Geräuschniveau des Triebwerks, das im Vergleich zu den für gewöhnlich größeren und schwereren Aggregaten der Mitbewerber relativ klein war. Durch eine Kapselung des Motors, wie sie einige örtliche Betreiber in Gebieten mit strengen Lärmschutzauflagen einsetzten, konnte der Geräuschpegel noch weiter abgesenkt werden.

Eine bedeutsame Eigenschaft des B59 war seine Handlichkeit bei dichtem Verkehr in schmalen Innenstadtstraßen. Erreicht wurde dies durch die Vorderachskonstruktion, die einen großen Einschlagwinkel der Vorderräder ermöglichte. In Verbindung mit einem relativ kurzen Radstand und dem langen hinteren Überhang ergab sich ein kleiner Wendekreis im Verhältnis zu den eindrucksvollen Dimensionen des Fahrzeugs.

Große Aufmerksamkeit widmete man der Begren-

Ein B59 mit Aabenraa-Aufbau, aufgenommen in Aalborg, Dänemark.

Ein B59 mit Hess-Aufbau.

Ein B10R mit einem norwegischen ARNA-Aufbau, aufgenommen in O

1971

In einem B10R mit Säffle-Aufbau in Karlskrona hatte es Fahrer viel bequemer als in den Vorgängermodellen.

zung des Leergewichts, um Kapazitäten für eine große Anzahl an Stehplätzen zu schaffen. Aus diesem Grunde bestand der Rahmen aus hochfestem Stahl (HSS), der zum ersten Male in einem Volvo-Nutzfahrzeug eingesetzt wurde.

Zu seiner Zeit galt der B59 als ziemlich modernes Fahrzeug, erreichte jedoch nie die gleiche Bekanntheit wie der fast legendäre B58 mit seinem Mittelmotorchassis, der sich als Gelenkbus mit fast 18 Meter Länge auch für höhere Beförderungskapazitäten eignete.

Auch der B59 wurde zur Legende – als erster topmoderner Volvo-Heckmotorbus und durch seine Umweltfreundlichkeit und Wirtschaftlichkeit.

Das 1978 eingeführte Nachfolgermodell B10R basierte zwar auf dem B59, war aber in vieler Hinsicht verbessert. Hervorzuheben sind das stärkere Chassis und die leistungsstärkeren Motoren mit noch günstigeren Umwelteigenschaften.

Die Fahrer mochten die B59 und B10R, weil die Fahrgäste leicht und schnell aus- und einsteigen konnten und weil beide leicht zu fahren waren und mit hohen Leistungsreserven in Relation zum Gewicht aufwarteten. Um die Arbeit des Fahrers weiter zu erleichtern, besaßen die Modelle üblicherweise ein Automatikgetriebe. Als Alternative bot Volvo ein halbautomatisches Wilson-Vorwahlgetriebe an – für jene Kunden, die dieses legendäre britische Aggregat bevorzugten, dessen Ursprünge bis zu den Panzern im ersten Weltkrieg zurückreichten.

Beide Modelle gelten als Vorläufer der heutigen B12B und B12BLE. Als solche ist ihnen ein Platz in der Geschichte sicher, und es ist ein glücklicher Zufall, dass der erste B59 mit der Fahrgestellnummer 1 in der Bus-Sammlung des Volvo-Museums der Nachwelt erhalten geblieben ist.

	Motor-anordnung	Produktions-zeit	-zahl	Gesamtgewicht 4x2	Gesamtgewicht 6x2	Gesamtgewicht Gelenkbus	Hubraum cm^3	Motor-leistung	Anmerkungen
B59	B (H/L)	1971–78	2.180	16.000 kg	—	—	9.603	250 PS	Modernes Heckmotormodell. Abgelöst vom B10R
B10R	B (H/L)	1978–92	1.745	16.500 kg	—	—	9.603	180–245 PS	Nachfolger des B59. Abgelöst vom B10B

Ailsa B55

Der Ailsa B55 wurde nicht nur in seinem Heimatland Großbritannien populär, sondern auch in Orten wie Singapur.

Viele Jahre hindurch blieb die Volvo-Busproduktion „Göteborgs Geschäft“. Bis zur Eröffnung des Werkes Viared 1977 produzierte Volvo die Busse für Europa auf einer Fertigungsstraße neben der Lkw-Produktionslinie im Werk Lundby bei Göteborg.

1974 eröffnete Volvo eine weitere Fertigungsstätte für Busse, diesmal in Irvine in Schottland. Dort liefen die Busse allerdings nicht als Volvos, sondern unter dem Namen Ailsa vom Band. Die Hintergründe des schottischen Projektes sind interessant, denn sie sind typisch dafür, wie die Fortschritte in einem Markt durch weitreichende Anpassung der Produkte an einen nationalen Markt und durch lokale Interessen umfassend gefördert werden können.

Mit seinen Lkws und Bussen feierte Volvo in Großbritannien seit 1966 bis in die 70er Jahre bemerkenswerte Erfolge. Ein Marktsegment allerdings – das der Großraum-Stadtbusse – erwies sich als unerreichbar. Der Gelenkbus, der sich als Volvo-Großraummodell seit seiner Einführung 1967 bewährt hatte, stieß in Großbritannien auf wenig Interesse. Das wuchs erst seit 1999.

Britische und irische Verkehrsbetriebe zogen traditionellerweise den Doppeldecker dem Gelenkbus vor. Letzterem gegenüber weist der Doppeldecker gewisse Vorteile auf: vor allem die geringere Gesamtlänge und die Möglichkeit, rückwärts zu rangieren, selbst in dichtem Stadtverkehr.

Jim McKelvie, der dynamische Importeur von Volvo-Bussen und -Lkws in Großbritannien wollte seine Erfolge im Lkw-Geschäft mit der Vermarktung von Stadtbussen ausweiten, denn der B58 hatte in England und Irland schon Erfolge gefeiert. Nach Beratungen mit seinen Konstrukteuren fiel seine Wahl auf das bewährte Frontmotor-Konzept als Basis für sein Projekt. Es war eine radikale Idee, denn zu jener Zeit wurden fast alle

Doppeldecker in Großbritannien schon lange von, meist quer eingebauten, Heckmotoren angetrieben.

In der Praxis wäre es einfacher gewesen, vom B58-Mittelmotor-Chassis auszugehen. Allerdings hätte dabei der untere Wagenboden nicht weit genug abgesenkt werden können, um bei vorgegebener Gesamthöhe ausreichend hohe Mittelgänge auf beiden Ebenen eines Doppeldeckers zu gestatten. So entschied man sich statt dessen für den vorn eingebauten Motor.

Zum Projektleiter wurde John Bryant berufen, der legendäre Chefingenieur der Volvo-Lkw und Busaktivitäten in Großbritannien. Er hielt die Leistung des 7-Liter-Volvo-Turbomotors für mehr als ausreichend für das neue Modell. So konnte die relativ kompakte Antriebseinheit zwischen dem Fahrer und der Vordertür eingebaut werden, und es blieb für die Fahrgäste noch genug Platz zum ein- und aussteigen. Der Rahmen des Ailsa B55 ermöglichte als komplette Neukonstruktion einen ausreichend niedrigen Wagenboden auf dem Unterdeck. Erreicht wurde dies durch den Einbau einer Tiefbettachse mit Nabenvorgelegen an beiden Hinterrädern, so dass der Achskörper unterhalb der Radmitten angeordnet werden konnte. Die Kraftübertragung erfolgte entweder durch eine Halbautomatik von SCG (Self Changing Gears, einer Leyland-Tochtergesellschaft) oder eine Vollautomatik von Voith oder Allison.

Volvo beschloss, den Ailsa B55 im – ursprünglich gemieteten – Werk in Irvine bei Glasgow zu entwickeln und zu produzieren. Neben dem B55 entstanden dort die Volvo-Lkws aus britischer Fertigung, unter anderem F86, F88 und ihre Nachfolgemodelle, sowie Busse wie der B6 und der Olympian – deren Fertigung stets aufeinander abgestimmt werden musste. Das Werk Irvine wurde im Jahr 2000 geschlossen.

Der Ailsa B55 stieß bei seiner Einführung 1974 auf geteiltes Echo. Einige Beobachter äußerten Zweifel ob der altmodischen Konstruktion des Modells mit seinem relativ kleinen Frontmotor, andere wiederum hielten die Neuerscheinung für eine interessante Bereicherung im Doppeldeckerbau.

Der B55 besaß keinen konventionellen Rahmen, sondern den Aufbau trug eine Gitterrohrkonstruktion.

Bis in die 80er Jahre war der B55 relativ erfolgreich. Volvo hatte inzwischen die Mehrheit der 1973 von Jim McKelvie gegründeten Ailsa Truck Company übernommen und eine fruchtbare Zusammenarbeit mit einer Reihe britischer Aufbauhersteller angeknüpft, trotz versteckter Drohungen schwedischer Hersteller, die eine Fertigung im Ausland verhindern wollten. Mitte der 80er Jahre schließlich schien das Frontmotor-Konzept völlig überholt, und Volvo entschied sich für das Mittelmotor-Chassis B10 als Basis für künftige Doppeldecker-Entwicklungen.

	Motor-anordnung	Produktions-zeit	Produktions-zahl	Gesamtgewicht 4x2	Gesamtgewicht 6x2	Gesamtgewicht Gelenkbus	Hubraum cm^3	Motor-leistung	Anmerkungen
Ailsa	F (S/L)		1.021				6.724	186–201 PS	Erstes Doppeldecker-Modell. Nicht ersetzt
B55 'Mk I'		1973–77		16.256 kg	—	—			
B55 Mk II		1977–81		16.256 kg	—	—			
B55 Mk III		1980–85		16.256 kg	—	—			

Es stand stets außer Frage, dass Volvo sowohl kleine „Midibusse“ als auch größere Busse im Modellprogramm anbieten sollte. Anfangs bestanden sie einfach aus Lkw-Chassis, die mit Busaufbauten versehen wurden. Selbst als Volvo sich bereits zum etablierten Omnibushersteller gemausert hatte, griff man bei diesen kleineren Modellen gern auf Komponenten aus den leichten und mittleren Lkw-Baureihen zurück, um wettbewerbsfähige Preise anbieten zu können.

So war es nichts weniger als folgerichtig, auf der Grundlage der Komponenten der 1975 vorgestellten neuen leichten Lkw-Generation F6 auch einen neuen mittelgroßen Bus zu entwickeln.

Im belgischen Ostakker entstand ein komplett neues Werk für die Produktion der neuen Lkw-Baureihe. Ab 1976 wurde dort auch der neue Bus B609 gebaut. Er beruhte zum größten Teil auf den Komponenten des Lkws F609, brachte es auf 9 Tonnen Gesamtgewicht, und wurde von einem 6-Liter-Turbomotor mit 120 PS angetrieben.

Das neue Modell war für völlig andere Einsatzbereiche als seine größeren Geschwister vorgesehen. Da der B609 nicht für den Liniendienst gedacht war, bei dem der Fahrer gleichzeitig als Schaffner den Fahrpreis von den Fahrgästen kassiert, wurde er für Aufbauten mit Einstieg hinter der Vorderachse konstruiert.

Gemeinhin wurde das Modell als kleiner Bus auf Strecken mit geringem Fahrgastaufkommen eingesetzt, als Schulbus oder im Zubringerdienst in dünn besiedelten Gebieten.

In funktioneller Hinsicht bestanden Verwandtschaften zu den größeren Modellen. So zählte die Servolenkung zur Standardausrüstung. Die druckluftbetätigte hydraulische Bremsanlage entsprach jener im Lkw F609, während die größeren Volvo-Busse reine Druckluftbremsen besaßen.

Die ursprüngliche Version des B609 von 1976 bedeutete Volvos ersten Versuch, einen modernen Midibus zu bauen. Die Leistung seines 120-PS-Motors erwies sich jedoch als äußerst bescheiden, so dass er schon zwei Jahre später durch den modifizierten B6F ersetzt wurde. In der neuen Typenbezeichnung stand das B für Bus, die 6 für 6 Liter und das F für Frontmotor,

Zwei Symbole des Umweltschutzes: eine Windkraftanlage und ein B6FA-Bus mit Aufbau von Van Hool.

und sie enthielt keine Angabe des Gesamtgewichts mehr. So wurde deutlich, dass es sich um eine verbesserte Version handelte, und zugleich konnte man die Typenbezeichnung in Einklang bringen mit den übrigen Volvo-Bus-Baureihen.

Mit Turbolader kam der 6-Liter-Motor auf 180 PS, und gestattete so eine deutliche Steigerung der Beförderungskapazität gegenüber dem ursprünglichen B609. Das führte 1979 zur Einführung einer weiter verstärkten und vielseitigeren Version des Modells, des B6FA, jetzt mit weiter nach vorn verlegtem Motor und Fahrerplatz, um den Einstieg vor der Vorderachse zu ermöglichen. Mit seinem auf 11 Tonnen gesteigerten zulässigen Gesamtgewicht bot der B6FA jetzt Beförderungskapazitäten, die an jene der größten Modelle mit größeren Motoren heranreichte.

Lagen die Stückzahlen der ersten Versionen noch in den Hundertern, so feierte der B6FA weitaus größere Erfolge, und in fast zehn Jahren entstanden mehr als 1000 Exemplare. Zumindest in Europa sollte das Modell an die Stelle treten, die zuvor der B54 innehatte: als wirtschaftliches und höchst robustes Frontmotor-Chassis mit relativ hoher Beförderungskapazität.

Ein weiteres erwähnenswertes Modell ist das „Pigg“ oder „Lively-Chassis“, das hauptsächlich in Schweden vermarktet wurde. Es war eher eine Anpassung des F408-Lkw-Chassis und keine Buskonstruktion im eigentlichen Sinne. Immerhin wurde es mit echten Busaufbauten versehen und sicherte sich besonders in den kleineren Versionen einige Beliebtheit. Mit den mageren 126 PS seines 3,6-Liter-Motors wurde es jedoch nie ein richtiger Markterfolg, war aber sehr beliebt als Schulbus in ländlichen Gebieten.

Brücken verbinden – hier mit Hilfe eines B6F mit Deltaplan-Aufbau.

	Motor-anordnung	Produktions-zeit	-zahl	Gesamtgewicht 4x2	Gesamtgewicht 6x2	Gesamtgewicht Gelenkbus	Hubraum cm^3	Motor-leistung	Anmerkungen
B609	F (S/L)	1976–78	161	9.000 kg	—	—	5.478	120 PS	Neu konstruierter Midibus Abgelöst vom B6F
B6F	F (S/L)	1978–82	316	9.300 kg	—	—	5.478	180 PS	Nachfolger des B609
B6FA-Serien	FF (S/L)	1979–88	1.163				5.478	180 PS	Neu konstruierter Midibus. Abgelöst vom Swift
B6FA 'Mk I'				11.000 kg	—	—			
B6FA Mk II				12.000 kg	—	—			

Das moderne Volvo-Bus-Werk Viared liegt zwar „draußen auf dem Lande", aber in unmittelbarer Nähe der Autobahn 40 zwischen Göteborg und Borås.

Mitte der 70er Jahre stand Volvo am Scheideweg. Die Busse teilten sich die Produktionsanlagen mit den Volvo-Lkws. Die Bus-Produktion am Hauptstandort der Gesellschaft in Göteborg war in einer alten Anlage untergebracht – der G-Halle, die weithin als „Alt-Volvo" bekannt ist – jenem Werk auf Hisingen, in dem 1926 alles begonnen hatte und wo Hauptverwaltung und Entwicklungsabteilung der Volvo-Lkws noch heute ihren Sitz haben.

Zugleich galt Volvo als progressives Unternehmen, wie es Pehr G. Gyllenhammar mit seinen Visionen des „Guten Unternehmens" charakterisierte, dessen Handeln sowohl dem Interesse der Mitarbeiter dient als auch dem Wohle der gesamten Gesellschaft. Vor diesem Hintergrund sollte Volvo als Pionier moderner Produktionstechnik bekannt werden, die sich nicht nur auf Effizienz beschränkte, sondern sich in hohem Maße auch der Gesundheit und dem Wohlbefinden der Belegschaft widmete. Diese Philosophie entstammte zum einen einer echten Fürsorge des Managements für die Belegschaft, und zum anderen der niedrigen Arbeitslosenquote in Schweden, auf Grund derer es schwierig war, ausgebildete und engagierte Mitarbeiter zu finden und zu halten.

Im Laufe eines Jahrzehnts sollten alle drei Bereiche der Volvo-Fahrzeugproduktion richtungweisende Werksanlagen eröffnen. Das stieß auf breites internationales Interesse und bewog Forscher in großer Zahl zu einem Besuch in Schweden, um hier die Alternativen zum herkömmlichen Fließband zu studieren, das Henry Ford Anfang des Jahrhunderts eingeführt hatte. 1974 eröffnete Volvo seine erste „Modellfabrik" in Kalmar, in der an die Stelle des Fließbandes ein System von automatisch geführten Fahrzeugen (AGV) trat. Drei Jahre später folgte das neue Werk der Volvo Bus Division in Viared bei Borås. Das dritte Werk für eine Produktion ohne Fließband war das Volvo Lkw-Werk in Tuve, ebenfalls auf Hisingen, das 1982 den Betrieb aufnahm.

Da die Volvo Bus Division seinerzeit ein erheblich

Herstellung eines Bus-Chassis lässt sich als individueller Vorgang besser bewältigen als am starren Fließband.

kleineres Unternehmen darstellte als heute, reichte die Anfangskapazität von 3.500 Chassis pro Jahr völlig aus, um die meisten Märkte in aller Welt mit Volvo-Bussen zu versorgen. In einigen Ländern bestanden bereits Montagewerke, und in Brasilien befand sich ein neues größeres Werk in Planung.

Der Einsatz von AGVs anstelle eines Montagebandes bot Vorteile, speziell in der Busproduktion, bei der die herkömmlichen Produktionsprozesse leicht durch Produktvarianten und individuelle Kundenwünsche beeinträchtigt werden können. Im neuen System arbeitete das Montagepersonal nicht mehr an einem starren Band, sondern in Gruppen zu 5 oder 12 Mitgliedern.

Das System der austauschbaren AGVs ließ den Gruppen die nötige Zeit, auch komplizierte Bus-Chassis mit ungewöhnlicher Spezifikation zu bauen, denn die „einfachen" Standard-Chassis konnten die zeitaufwändigeren Versionen leicht „überholen".

Dank dieser Mitarbeiter-freundlichen Organisation konnten die AGVs innerhalb des Werkes überall hin dirigiert werden, und schwere Hebezeuge wurden überflüssig. Seit Produktionsbeginn hatte Volvo im Werk Viared außerdem Drehmomentwerkzeuge eingesetzt, deren Kraft der zu erledigenden Arbeit entspricht, was physische Belastungen und den Lärmpegel senkt. Das führte dazu, dass viele Besucher überrascht waren, dass die lautesten Geräusche von den Radiogeräten der Arbeiter stammten.

Fast ein Vierteljahrhundert später zählt Viared immer noch zu den modernsten Busfabriken weltweit. In der Kapazität und im Produktionsumfang ist es noch eines der wichtigsten Volvo-Omnibuswerke, wenngleich der Anteil der Jahresproduktion im gleichen Maße zurückgeht, wie neue Werke, etwa in Brasilien, Polen oder China sowie Akquisitionen in Deutschland und Nordamerika in Betrieb gehen.

Trotz allem – Viared belebt das Herz der Volvo-Bus-Produktion in gleicher Weise, wie die Entwicklungsabteilung des Unternehmens in Göteborg von entscheidender Bedeutung ist für die Leistung und Wettbewerbsfähigkeit künftiger Produkte.

Gelenkbusse sind ein vertrauter Anblick auf Innenstadtstraßen – hier in Södertälje, Schweden. In den nordischen Ländern waren es zumeist B10M-Chassis mit Aufbauten von Säffle. Kleines Foto: Ein B10M-Bus mit Hess-Aufbau in Nordamerika.

sen Olympian und Lynx wurde der Tiger nie mit Volvo-Komponenten ausgestattet.

Wie der B10M war der Tiger damals nur als Chassis lieferbar, obwohl Leyland früher bereits einen kompletten Luxus-Reisebus, den Royal Tiger Doyen mit Heckmotor angeboten hatte. Dieser unterschied sich vollständig vom Mittelmotor-Tiger, und seine Produktion wurde nach der Volvo-Übernahme eingestellt. Einerseits wegen der harten Konkurrenz durch Reisebushersteller vom Kontinent, andererseits weil die Produktionskapazitäten bei Leyland für den erfolgreichen Doppeldecker Olympian benötigt wurden.

Die Tiger-Produktion lief bis 1991 in recht bescheidenen Stückzahlen weiter. Danach wurde die Nachfrage nach Volvo-Mittelmotorbussen auf dem britischen und dem irischen Markt nur noch durch den B10M Mk III und die abgemagerte Version B9M befriedigt.

Ursprünglich hatte Leyland eine ganze Reihe von Motoren für den Tiger angeboten. Nachdem Volvo die Regie übernommen hatte, wurde dieses Angebot auf den modernen Cummins L10 für liegenden Einbau reduziert, der im Hubraum zwar mit Volvos liegendem 10-Liter-Triebwerk vergleichbar war, aber dessen Leistung mit 290 PS im Tiger etwas schwächer ausfiel als beim „familieninternen“ Mitbewerber.

Im übrigen war der Tiger grundsätzlich mit dem B10M vergleichbar, wenngleich die meisten Verkehrsbetriebe dem schwedischen Produkt eine höhere Qualität zuschrieben.

Der Leyland Tiger wurde fast ausschließlich für den heimischen Markt gebaut. Hinzu kam, dass er sich formal völlig von den anderen Mitgliedern der modernen, zwischen 1988 und 1993 entwickelten Volvo-Busfamilie unterschied. Daher schien das Ende absehbar, das 1991 schließlich eintrat. Einen Nachfolger gab es nicht, und so endete eine ungebrochene Tradition erfolgreicher Mittelmotor-Busse von Leyland.

	Motor-anordnung	Produktions-zeit	Produktions-zahl	Gesamtgewicht 4x2	Gesamtgewicht 6x2	Gesamtgewicht Gelenkbus	Hubraum cm^3	Motor-leistung	Anmerkungen
Leyland Tiger	M (H/L)	1988–91	929*	17.000 kg	—	—	10.014	210–290 PS	

* Produktionszahlen nach der Übernahme durch Volvo

Olympian und Super Olympian

Als Volvo Ende März 1988 Leyland übernahm, erwarb man mehr als die Produktionsstätten, die Produkte und das Personal. Als Bonus kam eine Legende in Gestalt des Leyland Olympian hinzu, des weltweit meistverkauften Doppeldecker-Modells in mehreren Versionen.

Seit 1905 war Leyland mit Doppeldeckern erfolgreich im Geschäft. Das vorletzte Modell dieses Typs, der Atlantean stand sogar in Stockholm in Dienst. Die Stockholmer Verkehrsbetriebe (SS) hatten 1967 für die Umstellung auf Rechtsverkehr etliche Busse von Leyland bezogen, darunter auch Doppeldecker.

Der Olympian allerdings wurde in Schweden nicht verkauft, auch wenn er Bestandteil der von Volvo übernommenen Produktpalette war.

Als einziges Leyland-Produkt für einen großen, zufriedenen Kundenkreis ohne ernsthafte Konkurrenz – nicht einmal von Volvo – blieb der Olympian auch nach der Übernahme durch Volvo das Hauptstandbein für Leyland.

Der Leyland Olympian war als Zwei- oder Dreiachser lieferbar, besaß einen quer eingebauten Heckmotor, eine Konfiguration, für die Volvo sich lediglich

Der rote Doppeldecker ist ein ebenso gewohnter Anblick in Londons Straßen wie das London-Taxi.

Neben den Chassis für Doppeldecker baute Leyland auch Doppeldecker-Aufbauten für den Olympian.

1950 bei den fünf produzierten B645 entschieden hatte. Auf dem britischen Markt jedoch galt dies als Standard-Konzept, denn es ermöglichte den Einsatz von Serienmotoren für stehenden Einbau. Außerdem konnte dadurch der Boden des unteren Decks äußerst niedrig gehalten werden. Das war unumgänglich, um bei Doppeldeckern akzeptable Stehhöhe zu realisieren, ohne die in Großbritannien geltende Höhenbegrenzung auf 4 Meter zu überschreiten.

Womöglich war es der Olympian, der Volvo zur Übernahme von Leyland bewog, denn man hatte zwar etliche Generationen eigener Doppeldecker entwickelt – darunter den B55 mit Frontmotor oder den Mittelmotor-B10M – keinem jedoch war nennenswerter Markterfolg beschieden.

Der Olympian wurde als Chassis mit zwei oder drei Achsen zum Aufbau durch unabhängige Aufbauhersteller angeboten oder als kompletter Bus mit Leyland-Aufbau. Bei den Motoren konnte der Kunde zwischen dem Cummins L10 und dem klassischen Gardner wählen. Nach einigen Jahren kam der Volvo-10-Liter-Motor hinzu, die beiden anderen Optionen stehen mittlerweile nicht mehr zur Verfügung. Betreiber mit altgedienten Olympians mit Cummins- oder Gardner-Triebwerken haben zudem die Möglichkeit der Umrüstung, bei der die ursprüngliche Antriebsquelle durch den 10-Liter-Volvo-Motor ersetzt wird.

Im Laufe der Zeit wurden Produkte und Organisation von Leyland schrittweise in Volvos britische Importgesellschaft integriert. Der Markenname Leyland erwies sich, trotz der Beliebtheit und des Ansehens, derer sich der Olympian in der Heimat wie im Ausland – etwa in Fernost – erfreute, nicht länger als Vorteil, sondern eher als Handicap. Nach einer umfassenden Produkterneuerung fiel daher die Entscheidung, einen weiterentwickelten Doppeldecker unter dem Namen der Muttergesellschaft zu produzieren – der Volvo Olympian war geboren.

Das Modell durchlief in den folgenden Jahren sukzessive Modifikationen, deren wichtigste in der kontinuierlichen Verbesserung des 10-Liter-Motors bestanden, um die Forderungen nach schadstoffärmeren Abgasen und niedrigeren Geräuschimmissionen zu erfüllen.

Zum Wohle der Fahrgäste erfolgten in den 90er Jahren ergonomische Verbesserungen, die sich im wesentlichen auf Absenkung des Fahrzeugbodens und sehr niedrige Einstiege erstreckten. Im Rahmen dieser Entwicklung wurde der Olympian 1988 durch den Super Olympian ersetzt, der die grundsätzlichen Tugenden seines Vorgängers mit den für die Fahrgäste vorteilhaften Eigenschaften des Niederflurbusses verband.

In Europa, namentlich in Großbritannien und Irland, wurden Olympian und Super Olympian vom optimierten B7TL-Niederflurmodell in Doppeldeckerversion mit quer eingebautem 7-Liter-Motor abgelöst.

Der Volvo Super Olympian (hier mit einem Walter-Alexander-Aufbau) setzt die Leyland-Doppeldeckertradition fort.

	Motor-anordnung	Produktions-zeit	-zahl	Gesamtgewicht 4x2	Gesamtgewicht 6x2	Gesamtgewicht Gelenkbus	Hubraum cm³	Motor-leistung	Anmerkungen
Olympian	B (S/T)		*						
Leyland Olympian		1988–93		17.000 kg	22.250 kg	—	10.014/10.445	180–250 PS	Abgelöst vom Volvo Olympian
Volvo Olympian		1993–98		17.000 kg	23.500 kg	—	9.603/10.014	215–252 PS	Nachfolger des Olympian
Super Olympian		1998–	**	—	23.000 kg	—	9.603	285 PS	Niederflurversion des Olympian

* Produktionszahlen nach der Übernahme durch Volvo

** Zahlenangaben nicht möglich, da das Modell noch produziert wird.

Leyland Lynx

Neben dem Doppeldecker war der Stadtbus Lynx das vielversprechendste Leyland-Produkt im neuen, nach der Übernahme vom März 1988 erweiterten Volvo-Programm. Der Lynx als durchkonstruiertes Heckmotor-Modell mit liegendem 10-Liter-Motor ähnelte in seiner Grundkonzeption eigentlich stark dem in die Jahre gekommenen Volvo B10R, der 1978 als Weiterentwicklung des B59 von 1971 auf den Markt gekommen war.

Da die Planungen für die neuen B10B- und B10L-Modelle noch nicht abgeschlossen waren, fiel bei Volvo die Entscheidung, dass die nächste Generation heckgetriebener Stadtbusse bei der Leyland-Designabteilung in Großbritannien entwickelt werden sollte.

Der Leyland Lynx in ländlicher Umgebung (oben) und in der Stadt (nächste Seite).

Der Lynx war im Grunde ein kompletter Bus mit Leyland-Standardaufbau. Einige Zeit nach der Übernahme durch Volvo wurde auch eine Chassisversion zum Aufbau durch heimische Hersteller angeboten.

Innerhalb relativ enger Spezifikationen konnten die Kunden zwischen dem modernen Cummins-L10-Motor und dem erprobten und bewährten, aber konventioneller konstruierten britischen Gardner-Motor wählen. Beide boten gut 10 Liter Hubraum. Als dritte Möglichkeit kam 1990 nach der Vorstellung der weiter entwickelten Version Mk II der Volvo THD102 hinzu. Es war fast das gleiche Triebwerk wie das im Olympian-Doppeldecker stehend eingebaute, das im Tiger allerdings nie zum Einsatz kam.

Die oben erwähnten Pläne, den Lynx als Ausgangsbasis für künftige Volvo-Heckmotorbusse zu nutzen, trugen keine Früchte. Mit der Übernahme des B10M Mk III als Plattform für das Omnibusprogramm der 90er Jahre lag es näher, für die künftigen Heckmotorvarianten B10B, B10BLE und B10L die gleichen Basiskomponenten zu nutzen wie 1988 für das Mittelmotormodell. Damit läutete das Totenglöckchen für den Lynx. Er blieb nur noch bis 1992 in Produktion – etwa zur gleichen Zeit wurde der B10R vom B10B abgelöst –, so dass der klassische Olympian-Doppeldecker der einzige Überlebende aus der Palette bleiben sollte, die Volvo vier Jahre zuvor von Leyland übernommen hatte.

Einer der Hauptgründe für die Einstellung des Lynx lag darin, dass er in erster Linie für den britischen Markt gebaut wurde. Unglücklicherweise besitzt der Markenname Leyland heute nur wenig vom Glanz des Namens Volvo – trotz einer langen Tradition. Immerhin hatte Leyland den ersten Bus bereits 1895 gebaut, nur ein paar Jahre nachdem Daimler den Bus mit Verbrennungsmotor erfunden hatte.

	Motor-anordnung	Produktions-zeit	-zahl	Gesamtgewicht 4x2	Gesamtgewicht 6x2	Gesamtgewicht Gelenkbus	Hubraum cm^3	Motor-leistung	Anmerkungen
Leyland Lynx	B (H/L)		969*						
'Mark I'		1988–90		16.500kg	—	—	10.014/10.445	205–234 PS	Abgelöst vom Lynx Mk II
Mark II		1990–92		16.500 kg	—	—	9.603/10.014	210–245 PS	Nachfolger des Lynx 'Mk I' Nicht ersetzt.

* Produktionszahlen nach der Übernahme durch Volvo

Leyland Swift

Der am wenigsten bekannte Bus von Leyland war zugleich der kleinste. Der Leyland Swift war ein eigenständiger Midibus, der in England und Irland seine Anerkennung fand, aber nur in begrenzter Stückzahl produziert wurde und in hartem Wettbewerb mit den kleinen Bussen anderer Hersteller stand.

Der Swift war ein interessantes Produkt. In mancher Hinsicht bildete das Modell eine Miniaturausgabe der kleinen Sechszylinder-Mittelmotorbusse Leyland Tiger oder Volvo B10M. Aus Kostengründen war der Motor jedoch stehend eingebaut, da kein liegendes Aggregat in geeigneter Größe vorhanden war.

Zu jener Zeit repräsentierten die Midibusse ein wichtiges Segment im britischen Markt, denn die Deregulierung hatte zu einer bedeutenden Nachfrage nach kleinen Bussen geführt, die etwas komfortabler waren als einfach umgebaute Lkws. Leyland galt als ambitioniertes Unternehmen mit langer Tradition als Busproduzent und Hersteller von Modellen mit Unterflurmotor zwischen den Achsen. So schien es kaum überraschend, dass die Leyland-Designer beschlossen hatten, auch in der Midi-Klasse ein Mittelmotor-Modell zu entwickeln. Es war ein ungewöhnliches Konzept, auch wenn Hersteller wie Van Hool in Belgien in ähnlicher Richtung dachten. Van Hool baute bei seinem Modell VH508, das vor der Einführung des Volvo-B6-Midibusses für einige Zeit von Volvos schwedischem Importeur vertrieben wurde, den Motor seitlich versetzt ein.

Da die Entwicklung eines eigenen Leyland-Motors nie zur Debatte stand, fiel die Wahl auf das Cummins-6-Liter-Triebwerk, das leistungsstark und kompakt genug erschien und zudem preisgünstig war, weil es in großen Stückzahlen für die unterschiedlichsten Marken gebaut wurde. Im Nachhinein scheint es offensichtlich, dass die 115-120 PS des Cummins-Serie-B-Motors im Leyland Swift nicht ausreichten, um das Modell zu einem der schnelleren Midibusse im Markt zu machen.

Die Leistung freilich war nicht das wichtigste Kriterium beim Swift, vor allem wenn er für spezielle Zwecke eingesetzt wurde, etwa als rollende Bibliothek oder als Ausstellungsbus.

Unter anderem wurde der Swift Midibus auf Strecken mit geringem Fahrgastaufkommen eingesetzt, auf denen größere Busse unnötige Kosten und Umweltbelastungen verursacht hätten.

In den wenigen Jahren, die der Swift von Volvo gebaut wurde, entstanden jeweils nur einige Hundert Exemplare. Aus diesem Grunde schien es einleuchtend, die Produktion einzustellen, um die so gewonnenen Kapazitäten für die größeren Leyland- und Volvo-Busse zu nutzen, insbesondere da Volvo daran ging, einen brandneuen, modernen Heckmotor-Midibus vorzustellen, der die eigenen B6F und B6FA sowie den Swift ablösen sollte.

Der Swift sollte Volvos erster und letzter mittelgroßer Bus mit Mittelmotor bleiben. In diesem Zusammenhang bleibt festzuhalten, dass zeitweise durchaus Pläne zum Bau eines kleineren Mittelmotor-Busses bei Volvo geschmiedet wurden. Die großen Mittelmotor-Modelle B655, B755 und B58 hatten sich als so beliebt erwiesen, dass die Frage der Einführung eines leichteren Busses mit liegend eingebautem 7-Liter-Motor als sinnvolle Ergänzung der Palette – sei es als Ersatz oder als Ergänzung für die Frontmotor-Modelle in dieser Klasse – bei unterschiedlichsten Gelegenheiten ernsthaft diskutiert wurde. Die Leistung des aufgeladenen 7-Liter-Aggregats war mit hubraumstärkeren Motoren der Mitbewerber durchaus vergleichbar und sprach zweifellos für solche Vorschläge.

Volvo konzentrierte sich jedoch auf Mittelmotor-Busse mit 10-Liter-Motoren und behielt die kleineren Modelle mit stehend eingebautem Frontmotor noch einige weitere Jahre bei. Aus heutiger Sicht lässt sich feststellen, dass die Entwicklung eines Mittelmotor-Modells mit 7-Liter-Motor wohl nicht übermäßig kostspielig ausgefallen wäre, da Volvo Penta ein Triebwerk in genau dieser Größe als Bootsantrieb entwickelt hatte. Aller Wahrscheinlichkeit nach wäre ein Modell dieses Typs eine wertvolle Bereicherung des Volvo-Programms sowohl für Skandinavien als auch für viele Exportmärkte gewesen.

	Motor-anordnung	Produktions-zeit	-zahl	Gesamtgewicht 4x2	Gesamtgewicht 6x2	Gesamtgewicht Gelenkbus	Hubraum cm^3	Motor-leistung	Anmerkungen
Leyland Swift	M (S/L)	1989–91	212*	9.100kg	—	—	5.883	115–130 PS	Nachfolger des B6FA. Abgelöst vom B6

* Produktionszahlen nach der Übernahme durch Volvo

B10C

Die kompromisslose Entscheidung der Volvo Bus Corporation für den Mittelmotor-Bus zeitigte beispiellosen Erfolg. Volvo beherrschte jetzt den nordischen Omnibusmarkt, und die Produktionsziffern stiegen rasant.

Allerdings führte die Konzentration auf diesen speziellen Typ auch vielfach zu Frustrationen an der Verkaufsfront, denn eine beträchtliche Anzahl von Käufern bevorzugte Heckmotor-Modelle um jeden Preis – und häufig genug aus guten Gründen. Obwohl die Mittelmotor-Typen mit einem geräumigen Gepäckabteil hinter der Hinterachse ausgerüstet werden konnten, war der Raum zwischen den Achsen durch Motor und Kraftstofftank belegt, so dass kein Platz für Gepäckräume blieb. Eine Ausnahme bildete der auf den Seiten 86-87 beschriebene C10M.

Das Volvo-Angebot in Australien richtete sich meist nach den ganz besonderen Bedingungen, die „down under“ vorherrschten. Seit den 60er Jahren bestanden dort ein Montagewerk und eine eigene Designabteilung mit loyaler, aber im Vergleich zu den Kollegen in der Göteborger Zentrale hoher Unabhängigkeit. Besonders im Hinblick darauf, dass der B59 und der B10R, der von einem liegend im Heck eingebauten Motor vom gleichen Typ wie im B10M angetrieben wurde, sich mit einigem Erfolg in Australien verkaufen ließen, war es keine große Überraschung, als dort ein eigenes Heckmotor-Modell entstand, das sich völlig von allen „in der Heimat“ entwickelten unterschied.

Der B10C – C stand für „Coach“ (Reisebus) – wurde 1988 von einem engagierten Design-Team im

Die Bilder auf diesen Seiten zeigen den ersten, in Australien verkauften Reisebus (oben), Versionen des ersten Volvo-Heckmotor-Reisebusses B10C (oben links und Mitte) sowie die Vorstellung dieses Modells (nächste Seite, oben rechts).

Volvo-Werk an der australischen Ostküste unter Verwendung von Komponenten aus dem umfangreichen Angebot des Volvo-Bus und –Lkw-Programms konzipiert.

Mit 310 PS war das Triebwerk die damals leistungsstärkste Version des liegend eingebauten 10-Liter-Motors im B10M. Zur Wahl stand außerdem eine Version mit geringerer Ausgangsleistung.

Einige Merkmale des ersten kompletten Volvo-Reisebusses C10M fanden sich beim B10C wieder. Die Konstrukteure hatten sich dafür entschieden, die Stabilität durch einen im Verhältnis zur Gesamtlänge langen Radstand zu maximieren. Dadurch geriet der hintere Überhang äußerst kurz, während den Fahreigenschaften die moderne Grundkonzeption mit hinterer Doppelachse zugute kam. Der B10C wurde ausschließlich als Dreiachser gebaut.

Auf Omnibusausstellungen in Australien war der B10C mit einem attraktiven Reisebusaufbau aus heimischer Fertigung zu bewundern. Leider entstanden nur einige wenige Exemplare, vermutlich mangels Enthusiasmus in Göteborg ob eines komplett neuen Reisebus-Chassis mit 10-Liter-Heckmotor. Zumal dort die Entwicklungsarbeiten am neuen Heckmotor-B12, der stärkere Leistung bot und mehr Komponenten mit anderen Volvo-Bussen gemeinsam hatte, just zu dieser Zeit in ihre Endphase traten.

Auch wenn der B10C nicht gerade zum Markterfolg geriet, lässt sich daran doch ablesen, dass der moderne Omnibusbau bei Volvo sich durch eine hohe Anpassungsfähigkeit an lokale und regionale Bedingungen auszeichnet und dass sich die Importeure gegenüber ihren „Herren“ in Göteborg beträchtlicher Unabhängigkeit erfreuen.

	Motor-anordnung	Produktions- zeit	-zahl	Gesamtgewicht 4x2	Gesamtgewicht 6x2	Gesamtgewicht Gelenkbus	Hubraum cm^3	Motor-leistung	Anmerkungen
B10C	B (H/L)	1988–89	5	–	21.500 kg	–	9.603	310 PS	Neukonstruktion nur für Australien

Die wichtigsten Steyr-Produkte waren die Stadt- und Überlandbusse, häufig in speziell auf den Bedarf des Kunden zugeschnittenen Versionen. Dieser Trolley-Bus ist ein typisches Beispiel.

Die dritte strategische Übernahme schloss Volvo 1990 ab. Nach den Akquisitionen von Höglund in Schweden (1981) und von Leyland in Großbritannien (1988) schien es angezeigt, die Aufmerksamkeit auf das europäische Festland zu richten, wo die härtesten und wichtigsten Mitbewerber saßen.

So verkündete die österreichische Steyr Bus GmbH im Mai 1990 die Bereitschaft, 75 Prozent der Anteile an AB Volvo abzutreten. Zuvor war bereits die Steyr-Lkw-Division von der in Bayern beheimateten MAN übernommen worden.

Der Beschluss des österreichischen Unternehmens, sich von den Nutzfahrzeugsparten zu trennen, war in gewissem Maße die Folge von Absatzproblemen. Der Hauptgrund jedoch lag in der zunehmenden Geschwindigkeit der technischen Entwicklung in Verbindung mit wachsenden Umweltanforderungen. Angesichts dieser Situation schien ein kleiner Bushersteller mit einer Jahresproduktion von gerade 150 Fahrzeugen kaum in der Lage, ernsthaft gegen machtvolle ausländische Konzerne mit stetig wachsenden Ressourcen zu konkurrieren.

Die Stärke Steyrs lag in der Vielseitigkeit bei der Erfüllung spezieller Wünsche der österreichischen Kunden. Unter anderem hatte das zum Bau von optimierten Versionen aus dem Standard-Angebot geführt. Trolley-Busse, die auf dem breiteren internationalen Markt nicht angeboten wurden, zählten zu den interessantesten Fahrzeugen, die Steyr baute. Mit der zunehmenden Globalisierung des Automobilmarktes wurde jedoch deutlich, dass kostenbewusste Speditionen und Verkehrsbetriebe nicht länger bereit waren, bei ihren Investitionen veralteten heimischen Produkten den Vorzug gegenüber preisgünstigeren ausländischen Alternativen zu geben.

Für Volvo war die Übernahme von Steyr ein logischer Schritt. In einer Zeit, in der mehr und mehr Kunden Busse mit Chassis und Aufbau vom gleichen Hersteller bevorzugten, litt das Unternehmen unter Kapazitätsmangel bei der Aufbauherstellung. Das eigene Werk in Säffle konnte lediglich den skandinavischen Markt bedienen, und bei Leyland in Großbritannien blieben die begrenzt verfügbaren Kapazitäten dem Olympian und Lynx vorbehalten.

Mit der Übernahme verschafft sich Volvo außerdem physische Präsenz in einem Gebiet, für das lange Zeit hindurch enge Bindungen zwischen Österreich und Deutschland typisch waren. Letzten Endes blieb die Akquisition von Steyr jedoch ein Kompromiss, denn Volvo hätte mit an Sicherheit grenzender Wahrscheinlichkeit die Übernahme eines Aufbauherstellers in Deutschland vorgezogen, wenn ein solcher zu haben und die dafür erforderlichen Mittel vorhanden gewesen wären.

Das sichtlich veraltete Steyr-Modellprogramm beruhte 1990 im wesentlichen auf drei unterschiedlichen Fahrzeuggrößen: 11-12 Meter lange Stadt- und Überlandbusse, 18-Meter-Gelenkbusse und der einzigartige kleine „Citybus“. Volvo plante für 1991-94 die Einführung neuer Heckmotorbusse und beschloss, die Produktion der Steyr-Modelle für eine Interimsperiode weiterzuführen, hauptsächlich für den österreichischen Markt.

Der Steyr-Citybus blieb einige Jahre als „Volvo B2“ in Produktion

Mit der Vorstellung des neuen B10B im Jahre 1992 änderte sich das Bild. Volvo konnte jetzt die Steyr-Kapazitäten in der Aufbauherstellung für die Produktion der neuen B10-400-Stadt- und Überlandbusse nutzen. Daher liefen die alten Modelle aus, während das Steyr-Werk zum ersten Mal seit vielen Jahren Busse in großen Stückzahlen für einen internationalen Kundenkreis produzieren konnte. Und weil die Steyr-Modelle von Daimler-Benz-Motoren angetrieben wurden, endete auch die Produktion von „Volvo-Bussen mit Mercedes-Antrieb“. Der Citiybus war nunmehr mit einem Volvo-Benzinmotor aus Skövde mit Katalysator als Alternative zum betagten Diesel lieferbar.

Leider eignete sich das Steyr-Werk nicht für die neue Industrielle Struktur der schnell wachsenden Volvo Bus Corporation mit ihrer modernen Produktionstechnik, so dass die Aufbauherstellung von Volvo-Stadt- und Überlandbussen in Österreich eingestellt wurde. Die Produktion dieser Typen in Mitteleuropa konzentriert sich heute im modernen Volvo-Werk im polnischen Wroclaw, wo die Produktion auf der Grundlage des Carrus-Edelstahl-Aufbaus kontinuierlich ausgeweitet wird.

	Motor-anordnung	Produktions-zeit	-zahl	Gesamtgewicht 4x2	Gesamtgewicht 6x2	Gesamtgewicht Gelenkbus	Hubraum cm^3	Motor-leistung	Anmerkungen
Steyr SL11	B (H/L)	*	*	17.300 kg	—	—	11.967	280 PS	
Steyr SS11	B (H/L)	*	*	17.600 kg	—	—	11.967	240 PS	
Steyr SG18	B (H/L)	*	*	—	—	26.000 kg	11.967	280 PS	
Steyr Citybus	F (S/L)	*	*	4.400 kg	—	—	2.316/2.404	72–85 PS	

* Relevante Zahlenangaben sind nicht möglich, da das Modell bereits vor der Übernahme durch Volvo produziert wurde.

Volvo feierte 1991 die zwanzigjährige Produktionszeit von Stadtbussen mit Heckmotor. Bei luxuriösen Reisebussen hingegen musste nach Volvos Vorstellungen der Motor liegend zwischen den Achsen eingebaut sein – zumindest glaubte das die Fachwelt.

Die Vorstellung des ersten, als exklusiver Reisebus gedachten Heckmotor-Modells bedeutete daher für Außenstehende eine Riesenüberraschung.

Der B12 war wohl ein neues Modell, bei der Vorstellung betonte Volvo jedoch, dass es nicht auf einem komplett neuen Bus-Chassis basierte, und wies darauf hin, dass 90 Prozent der Komponenten des Neulings bereits in früheren Volvo-Bussen oder -Lkws verwendet worden waren, vor allem in der 1988 eingeführten Mk-III-Version des legendären B10M.

Das Chassis und die Radaufhängungen wurden direkt vom B10M übernommen, ebenso das G7-EGS-Schaltgetriebe, das lediglich der höheren Leistung und dem Drehmoment des im Heck des neuen Modells eingebauten 12-Liter-Motors angepasst wurde.

Der Motor war fast identisch mit dem der letzten Version des Lkws F12. Anfangs waren 356- und 405-PS-Versionen lieferbar, beide mit oder ohne EDC (Elektronische Diesel-Steuerung). Die EDC-Versionen des Triebwerks erfüllten bereits die neuen, strengeren Abgasnormen, die 1993 von der EU eingeführt wurden.

Auch die Bremsen entstammten dem F12-Lkw. Die Hauptvorteile weitgehender Komponentenstandardisierung in wirtschaftlicher wie in funktioneller Hinsicht – nicht nur bei unterschiedlichen Bus-Modellen, sondern auch bei Bussen und Lkws – waren jetzt offensichtlicher denn je.

Von Anfang an war der neue Bus mit zwei oder drei Achsen lieferbar, als Dreiachser mit hinterer Einzelradaufhängung für höchsten Komfort und Fahrstabilität. Der Zweiachser besaß eine herkömmliche Antriebsachse.

Volvos Beschluss, die Mittelmotorpalette mit einem Heckmotor-Modell in der prestigeträchtigen Reisebusklasse zu ergänzen, beruhte auf der Erkenntnis, dass es viele Kunden gab, die eine Heckmotor-Konfiguration bevorzugten. Das galt besonders für Mitteleuropa, wo man die ausgewogene Gewichtsverteilung und die überlegenen Fahreigenschaften der Mittelmotor-Typen für weniger wichtig hielt als in Skandinavien.

Für die Entscheidung zum Bau des B12 sprach

Der Volvo B12 erwies sich von Anfang als wahrhaftes Prestigemodell. Das Bild oben zeigt ein Fahrzeug mit Aufbau von Carrus aus Finnland.

ferner, dass noch keine Ressourcen für die Entwicklung eines liegenden 12-Liter-Motors für eine begrenzte Anzahl von Reisebussen in der schweren Klasse, wie sie Volvo damals baute, bereitgestellt werden konnten. So war Volvo gezwungen, ein Modell mit stehend eingebautem 12-Liter-Motor anzubieten, um Leistungen über 400 PS zu realisieren, die im hart umkämpften mitteleuropäischen Reisebusmarkt unumgänglich schienen.

Der B12 entpuppte sich schnell als beliebtes Modell, erreichte allerdings nicht ganz die gleiche Popularität wie der B10M.

1995 erhielt der B12 den neuen D12-Motor aus dem Lkw FH12. Dieses bei weitem modernste europäische Dieselaggregat besaß eine obenliegende Nockenwelle, vier Ventile pro Zylinder und eine elektronisch geregelte Einspritzanlage, so dass Volvo das Leistungsniveau der schwersten Klasse anbieten konnte. Zudem stellten die neuen Motoren in Sachen Umweltfreundlichkeit die Konkurrenz in den Schatten und erfüllten bereits alle Abgas- und Geräuschvorschriften, die ab Herbst 2001 in Europa gelten.

Bislang hatte Volvo Busse mit vorgegebenem Radstand für unterschiedliche Aufbaulängen gebaut. Der B12 war auch mit einem sehr kurzen Transport-Radstand lieferbar, wodurch der Transport zum Aufbauhersteller erleichtert und dort die Anpassung an die genaue Aufbaulänge vereinfacht wurde.

	Motor-anordnung	Produktions-zeit	-zahl	Gesamtgewicht 4x2	Gesamtgewicht 6x2	Gesamtgewicht Gelenkbus	Hubraum cm^3	Motor-leistung	Anmerkungen
B12	B (S/L)	1991–	*	19.000 kg	23.500 kg	—	11.978/12.130	340–420 PS	Erster Volvo-Heckmotor-Reisebus Abgelöst vom B12B (inEuropa)

* Zahlenangaben nicht möglich, da das Modell noch produziert wird.

Der B6 war höher angesiedelt als frühere Volvo-Midibusse. Das Bild zeigt ein Fahrzeug mit Camo-Aufbau unterwegs in Portugal.

1991

1991 war eines der „großen" Jahre in der Geschichte der Volvo-Busse. Der Vorstellung des B12 im Sommer folgte im Dezember die Vorstellung der revolutionären neuen Fertigungsmethode im Busbau, des Systems 2000. Zwischenzeitlich, im Oktober, erfolgte die Markteinführung des neuen Midibusses B6, des letzten in einer langen Reihe kleinerer Volvo-Busse in einer Klasse, in der Volvo 60 Jahre zuvor die ersten Schritte im Busbau unternommen hatte.

Seit der Präsentation des mittlerweile überholten Vorgängers B6FA waren 15 Jahre vergangen, und der Ersatz durch einen Nachfolger auf der Höhe der Zeit schien längst überfällig; zumal diese Größenklasse in viele Ländern immer wichtiger wurde, speziell auf Volvos erfolgsträchtigem Markt in Großbritannien.

Natürlich hätte man einfach auf die erfolgreiche Lkw-Baureihe FL6 zurückgreifen können, die neben anderen Eigenschaften seit 1986 auch die Auszeichnung „Lkw des Jahres" trug. Das Volvo-Management hatte sich aber auf die Entwicklung einer kompletten Baureihe mit Heckmotoren festgelegt und nachdem man gerade die Steyr Bus GmbH in Österreich übernommen hatte, die reiche Erfahrungen mit Heckmotortypen wie auch mit dem kleinen Citybus besaß, fiel die Entscheidung, mit der Entwicklung des neuen B6R, dessen Bezeichnung später zu B6 abgekürzt wurde, die neue Tochtergesellschaft zu betrauen.

Das Projekt erwies sich von Anbeginn als höchst erfolgreich. Die britische Gesellschaft Stagecoach bestellte sofort 200 Exemplare des neuen Heckmotor-Modells, optierte für weitere 100, und die Entwicklungsarbeit nahm ihren Lauf. Allerdings stellte sich schnell heraus, dass die Kapazitäten bei Steyr nicht einmal die Anfangsbestellung bewältigen konnten, und so fiel der Beschluss, nur 50 Fahrzeuge in Österreich zu bauen. Die Serienproduktion wurde dann nach Schottland ins Volvo-Werk Irvine verlegt.

Der im B6 eingesetzte Lkw-Motor aus dem FL6 wurde in Belgien gebaut und für den Einsatz im Heck des Busses modifiziert. Das relativ einfache Chassis wies ebenfalls eine Reihe Gemeinsamkeiten mit dem Lkw auf, während die Vorderradaufhängung aus dem B10B-Bus stammte. Auch das im B6-Reisebus verwendete Schaltgetriebe kam vom FL6, während die Stadt- und Überlandbusse automatische Kraftübertragungen besaßen.

Leider verlief die Entwicklungsarbeit am B6 überhastet und war noch nicht abgeschlossen, als die ersten Fahrzeuge zur Fahrerprobung bereit standen. Aus diesem Grunde wurde die Bestellung abgewandelt und Stagecoach bezog stattdessen einige kleine Midibusse aus der Serie B9M, die bei den Mitarbeitern besondere Beliebtheit gewannen.

Auch der schließlich in seiner endgültigen Form ausgelieferte B6 entwickelte sich zu einem beliebten Modell, das in mancher Hinsicht seinen Klassenkonkurrenten überlegen war.

1995 gab mit dem Niederflur-B6LE eine weiter entwickelte Version ihr Debüt und feierte von Anfang an Erfolge. B6 und B6LE entwickelten sich zu wichtigen Mitgliedern der Volvo-Bus-Familie und wurden seit ihrer Markteinführung schrittweise modifiziert und modernisiert.

Aus dem B6LE entstand so der weiter entwickelte B6BLE, dessen Auslieferung 1999 begann. Die wichtigste Neuerung dabei war der Ersatz der vorderen Starrachse durch eine moderne Einzelradaufhängung, allerdings mit herkömmlichen Trommelbremsen und kleineren Rädern als beim Niederflur-B10L. Daraus ergaben sich eine günstigere Gestaltung des Fahrgastraumes und höherer Komfort.

	Motor-anordnung	Produktions-zeit	-zahl	Gesamtgewicht 4x2	Gesamtgewicht 6x2	Gesamtgewicht Gelenkbus	Hubraum cm³	Motor-leistung	Anmerkungen
B6	B (S/L)		*				5.478		
B6		1991–95		11.800 kg	–	–		180 PS	Nachfolger des Leyland Swift
B6LE		1995–98		11.800 kg	–	–		180–210 PS	Niederflurversion
B6BLE		1998–		12.500 kg	–	–		180–210 PS	Niederflurversion

* Zahlenangaben nicht möglich, da das Modell noch produziert wird.

Metrobus

Die Kapazität eines Transportsystems kann auf unterschiedliche Weise gesteigert werden. Die einfachste und naheliegendste Methode besteht im Einsatz größerer Fahrzeuge, eine andere in der Erhöhung der Durchschnittsgeschwindigkeiten. Die Umsetzung beider Möglichkeiten zugleich verspricht einen bedeutenden Potentialzuwachs. Diese komplexe Gleichung geht in Ballungszentren kaum auf, wenn dichter Verkehr das Fortkommen der Busse ernsthaft behindert.

Eines der erfolgreichsten Transportsystem der Welt wird in Curitiba betrieben, der Hauptstadt des brasilianischen Bundesstaates Paraná. Das System ist das Produkt einer weitsichtigen Stadtverwaltung und dem bei Volvo do Brasil – das seinen Hauptsitz in der Stadt hat – vorhandenen Fachwissen über den Omnibusverkehr.

Stufe 1 des neuen Systems wurde 1974 in Form separater Busspuren implementiert. Die Trennung vom übrigen Verkehr ermöglichte eine Erhöhung der Durchschnittsgeschwindigkeiten der städtischen Linienbusse, wobei die Fahrzeuggröße beibehalten wurde.

Der nächste Schritt erfolgte 1980, als die Stadt in Zusammenarbeit mit Volvo, das 1979 mit dem Omnibusbau in Curitiba begonnen hatte, das klassische Gelenkbus-Modell B58 in Dienst stellte. Dadurch stieg die Kapazität des Transportsystems dramatisch an, ohne dass die Anzahl der Fahrzeuge und Fahrer erhöht werden musste.

1992 begann die bislang interessanteste Phase in der Entwicklung des modernen Nahverkehrssystems der Stadt – die Einführung von Volvos beispiellosem dreigliedrigem Gelenkbus Metrobus.

Wie der im vorigen Kapitel beschriebene B12M wurde auch der Metrobus speziell für einen Kunden entwickelt. Das Modell verdeutlicht, wie vorhandene Komponenten aus den Volvo-Bus- und -Lkw-Baureihen kombiniert werden können, um eigenständige Fahrzeuge für effiziente Transportlösungen zu schaffen.

Jedes der 25 Meter langen Gelenkfahrzeuge bestand aus einem B58-Vorderwagen, verbunden mit zwei Nachläufern, die beide den Standard-Hinterwagen der konventionellen Gelenkbusse entsprachen, nur dass der erste (mittlere) hinten offen war, damit er mit dem hinteren verbunden werden konnte.

Der Standard-B58 eignete sich fraglos nicht für diesen Einsatz. Ein leistungsstärkerer Motor mit 286 PS aus dem B10M und ein robustes Nabenvorgelege an der Hinterachse – vom gleichen Typ wie in den schwersten Volvo-Lkws – verhalfen dem Fahrzeug zu einer Durchschnittsgeschwindigkeit von 30 km/h bei der Beförderung von 250 Fahrgästen.

Die dreigliedrigen Gelenkbusse wurden später mit B10M-Chassis gebaut, was die Beförderungskapazität auf 270 Personen erweiterte.

Die hohe Durchschnittsgeschwindigkeit von 30 km/h wurde nicht allein durch die oben beschriebenen Maßnahmen erreicht. Die speziell entworfenen Haltestellen, an denen die Fahrgäste den Fahrpreis bereits vor dem Einsteigen entrichteten, sind ein wichtiger integraler Bestandteil des Systems, und da die Fahrzeuge mit ausschiebbaren „Plattformen" an Stelle von Einstiegsstufen ausgerüstet sind, um das Aus- und Einsteigen zu beschleunigen, vergeht im Vergleich zu einem konventionellen Bus nur ein Achtel der Zeit bis ein Curitiba-Metrobus voll besetzt ist.

Anfänglich bestritten 33 Fahrzeuge den Betrieb dieses radikalen und effizienten Nahverkehrssystems, das sofort hervorragend funktionierte und pro Tag eindrucksvolle 130.000 Fahrgäste beförderte. In der Folgezeit wurde die Flotte um 66 weitere Metrobusse vergrößert.

Inzwischen wurde das Metrobus-Konzept auch in Sao Paulo umgesetzt. Es blieb jedoch bei den beiden brasilianischen Städten; andernorts wurde das System noch nicht übernommen, trotz der Besuche von Delegationen aus aller Welt, um hier ein exemplarisches innerstädtisches Transportsystem zu studieren, das eine wirtschaftliche Alternative zu teureren und weniger flexiblen schienengebundenen Lösungen wie U-Bahn oder Straßenbahn darstellt.

Der dreigliedrige Metrobus ist leicht zu manövrieren, selbst in Bereichen, die er sich mit anderen Verkehrsteilnehmern teilen muss.

503 BOQUEIRÃO
ED020
VOLVO
ADJ-9583
cidade de curitiba
ED020
CURITIBA
TAXI

Umwelt- und Ressourcenschutz gestatten es kaum, das Transportaufkommen in den Metropolen dieser Welt dem Energieverschwender Pkw zu überlassen, zumal wenn er nur mit einer Person besetzt ist. Ballungszentren benötigen in heutiger Zeit ein funktionelles Verkehrssystem, auf der Basis von U-Bahn, Straßenbahn oder Omnibus. Im letzten Falle jedoch müssen die Fahrzeuge komfortabler sein als Pkws und müssen den speziellen Bedürfnissen verschiedener Gruppen wie Kindern, älteren Menschen, Behinderten oder Müttern mit Kinderwagen Rechnung tragen.

Auf dem Markt der Niederflur-Busse war Volvo ein Nachzügler. Die tiefgreifenden Umstellungen beim Übergang von einem „Ein-Modell-Hersteller", der Volvo mit dem B10M als Hauptprodukt in der Tat war, zu einem globalen Anbieter mit einem breiten Programm meist heckgetriebener Busse ließen es nicht zu, dass Volvo mit den Konkurrenten auf dem europäischen Kontinent, die längere Erfahrungen mit Heckmotorbussen besaßen, Schritt hielt. Zum Glück für Volvo blieb die Nachfrage nach Niederflur-Bussen bis Mitte der 90er Jahre relativ gering, hauptsächlich wegen der sehr hohen Preise, die die Zulieferer für vordere Einzelradaufhängungen und hintere Tiefbettachsen verlangten.

1994 war Volvo schließlich in der Lage, ein eigenes Niederflurmodell zu präsentieren. Es bestand zum großen Teil aus Komponenten der zwischen 1988 und 1993 vorgestellten Modelle B10M Mk III, B12 und B10B/B10BLE, wies dabei jedoch eine Vielzahl spezieller Lösungen auf, um die besonderen Anforderungen eines niedrigen Bodens und extra niedrigen Einstiegs zu erfüllen.

Der Triebstrang des B10L ähnelte stark dem im B10M auch der liegende 10-Liter-Motor war der gleiche. Beim B10L hatten die Konstrukteure den gleichen Kunstgriff angewandt wie beim B10B/B10BLE und das Triebwerk um 180 Grad gedreht hinter der Hinterachse eingebaut, um einen niedrigen stufenlosen Boden vom

Der B10L, hier mit einem Aufbau von Heuliez aus Frankreich, kam als letzter Gelenkbus ins Volvo-Modellprogramm.

Wie andere „echte" Niederflurbusse wurde der B10L speziell für den Stadtverkehr konstruiert. Das Fahrzeug auf dem Foto besitzt einen holländischen Berkhof-Aufbau.

vorderen Einstieg bis zur letzten Sitzreihe im Heck zu ermöglichen. Da der Motor unter dem Wagenboden lag, reichte diese Sitzreihe über die volle Breite, im Gegensatz zu Modellen, bei denen dem stehend eingebauten Motor einer oder mehrere Sitze auf einer Seite geopfert werden.

Die Vorderradaufhängung wurde völlig neu entwickelt, um einen niedrigen Einstieg zu realisieren. Die konventionelle Starrachse wich einer ausgeklügelten Einzelradaufhängung, dank derer der Boden wesentlich abgesenkt werden konnte.

Der B10L besaß als erster Volvo-Bus Scheibenbremsen an den Vorderrädern und Trommelbremsen hinten.

Durch die optimierte Konstruktion betrug die Einstiegshöhe nur 320 Millimeter, und sie konnte per Luftfederung um weitere 90 mm abgesenkt werden.

Der B10L wurde 1994 als zweiachsiges Modell eingeführt. Eine Gelenkbus-Version mit den gleichen niedrigen Boden- und Einstiegshöhen folgte 1995. Die komplette Antriebseinheit war dabei in den Hinterwagen verlegt worden, und unmittelbar vor dem beweglichen Verbindungsstück zwischen Vorder- und Hinterwagen wurde eine nicht angetriebene „Hinterachse" eingebaut.

Der B10 verkaufte sich nie in großen Stückzahlen. Fortschreitende Motoren-Entwicklung in Verbindung mit modernen Automatik-Getrieben, die ermüdende manuelle Schaltvorgänge eliminierten, ermöglichen heute Motorleistungen für die Anforderungen in einem Stadtbus mit kleineren und leichteren Motoren zu erzielen. Das führte dazu, dass die meisten aktuellen Volvo-Niederflurbusse auf dem 1998 eingeführten B7L-Chassis basieren.

Das B10L-Chassis bleibt bei Volvo aber die Hauptgrundlage für Niederflurmodelle mit umweltschonendem Erdgas-Antrieb.

	Motor-anordnung	Produktions-zeit	-zahl	Gesamtgewicht 4x2	Gesamtgewicht 6x2	Gesamtgewicht Gelenkbus	Hubraum cm^3	Motor-leistung	Anmerkungen
B10L	B (H/L)	1994–	*	18.900 kg	—	28.000 kg	9.603	245–286 PS	Erster Niederflurbus. Abgelöst vom B7L

* Zahlenangaben nicht möglich, da das Modell noch produziert wird.

China bleibt für gewöhnlich bei Aussagen über den Weltmarkt für Omnibusse außen vor. Eigentlich merkwürdig, denn immerhin ist die Volksrepublik das bevölkerungsreichste Land der Erde und angesichts des geringen Bestandes an privaten Pkw potentiell einer der größten Omnibusmärkte der Welt.

Als einem der größten Bushersteller außerhalb Chinas war Volvo natürlich daran gelegen, auf einem so vielversprechenden Markt Fuß zu fassen. Allerdings mussten sich die dabei angewendeten Methoden in Entwicklung, Produktion und Marketing ein wenig von jenen für die übrige Welt unterscheiden.

Klarheit herrschte darüber, dass Volvo eines starken lokalen Partners bedurfte. Dieser fand sich in der Xian Aircraft Corporation, einem chinesischen Flugzeugbauer mit Sitz in Yan Liang, einer Stadt mit 60.000 Einwohnern. Xian baute eigene Flugzeuge, aber auch Teile für Boeing und Airbus, so dass Volvo das Glück hatte, auf eine international orientierte Firma zu treffen, die nicht nur Erfahrung im Handel mit westlichen Unternehmen besaß, sondern auch mit der Leichtmetallverarbeitung und den hohen Qualitätsstandards der Luftfahrtindustrie vertraut war. So konnten die Partner eine Omnibusproduktion auf Basis des Säffle-System-2000 planen, bei der die Segmente des Aluminiumaufbaus fester miteinander verbunden werden als durch herkömmliches Nieten.

Gemäß des im Herbst 1993 unterzeichneten Kooperationsvertrages hielten Volvo und Xian jeweils die Hälfte der Anteile an der gemeinsamen Xian Silver Bus Corporation, für die jeder der Partner die Hälfte der Aufsichtsratsmitglieder stellte. Xian bestimmte den Aufsichtsratsvorsitzenden, während Volvo für die Besetzung des Vorstandsvorsitzes zuständig war. Auf diesen Posten wurde Thomas Appelbom berufen, der frühere Marketingchef von Volvo in Thailand.

Oben und nächste Seite links: Die Xian-Busfabrik in Yan Liang in der Volksrepublik China.

Oben: Im Werk Shanghai werden komplette Busse mit B7R-Chassis gebaut.

Xian und Volvo kamen überein, dass der Volvo B10M das gemeinsame Produkt in der schweren Klasse werden sollte. Von Anfang an war vorgesehen, Aufbauten aus chinesischer Fertigung zu verwenden, auch wenn eine Anzahl CKD-Bausätze anfangs von Säffle aus verschifft wurde. Der Rahmen sollte ebenfalls in China gebaut werden, während die Triebstrang-Komponenten, einschließlich der Motoren aus Skövde, zunächst aus Schweden importiert werden sollten.

In Schweden wurde ein Prototyp-Bus gebaut und als Basis und Modell für die chinesische Fertigung nach Yan Ling gebracht. Ende 1994 war der erste Volvo-Bus aus chinesischer Fertigung ausgeliefert und in Dienst gestellt worden.

Bis heute blieb die Produktion in China zwar bescheiden, die Fertigung dort bildet jedoch einen wichtigen Bestandteil der VBC-Aktivitäten, und es ist damit zu rechnen, dass sie erheblichen Anteil an der künftigen globalen Expansion des Unternehmens haben wird.

Die Zukunft des Omnibusses ist in China womöglich rosiger als in anderen Ländern. Der motorisierte Individualverkehr dürfte kaum den gleichen Umfang erreichen wie in der westlichen Welt, und dem Lande fehlt ein flächendeckendes Eisenbahnsystem, das den enormen Personenverkehr bewältigen könnte. Mit anderen Worten: Es werden Busse aller Typen benötigt – Stadtbusse für die Metropolen, Überlandbusse für die riesigen Inlandsgebiete und Reisebusse für Langstrecken- und Chartereinsätze.

Ende 2000 öffnete ein weiteres Werk in China seine Pforten, nachdem Volvo auch mit der Shanghai Automotive Industrie Corporation (SAIC) ein Joint-Venture-Abkommen geschlossen hatte. SAIC betrieb bereits eine Jahresproduktion von 2.500 Bussen und bot so eine gute Ausgangsbasis für die neue Gesellschaft.

Diese trägt den Namen Sunwin, unter dem auch die Busse vermarktet werden. Das Produktprogramm besteht vorwiegend aus Stadtbussen, die auf den verschiedenen Versionen des Heckmotor-Chassis B7R sowie auf lokal gefertigten Chassis mit Volvo-Motoren basieren.

Bereits in den frühen 60er Jahren gab es bei der Aufbauherstellung eine rationalisierte Serienfertigung. Die Produktion in Aabenraa, Dänemark (oben) war nur ein Beispiel.

In der Geschichte der Volvo-Busse spielte Dänemark eine besondere Rolle. Schon in den 30er Jahren war das Land ein wichtiger Exportmarkt, zumal es dort praktisch keine heimischen Omnibushersteller gab – sieht man einmal von der Marke Triangel ab, die lediglich kleine Stückzahlen produzierte.

Die Entwicklung des wichtigsten Volvo-Modells überhaupt, des B655, erfolgte auf Grund einer Bestellung der städtischen Verkehrsbetriebe im dänischen Odense. In jüngerer Zeit wurde der dänische Markt von Volvo, Leyland und Scania beherrscht.

Zwar existierte in Dänemark keine größere Busproduktion, aber es gab mehrere erfolgreiche Aufbauhersteller, die entscheidend dazu beitrugen, dass der Bus sich zum wichtigsten Verkehrsmittel des Landes entwickelte.

Image und Eleganz charakterisierten die Bus-Aufbauten in den 50er Jahren.

In den 70er und 80er Jahren durchlief die europäische Omnibusindustrie radikale Veränderungen. Die Zahl der Chassis-Hersteller ging zurück, und die verbliebenen Firmen widmeten sich auch der Aufbaufertigung und produzierten in wachsender Zahl komplette Busse. Die nationale Praxis, nach der örtliche Verkehrsbetriebe ihre eigenen lokal gefertigten Busaufbauten orderten, wich zunehmend einem Trend, bei dem die Hersteller dazu übergingen, komplette Busse, zum großen Teil mit Standard-Aufbauten, an städtische Verkehrsbetriebe oder Busunternehmen zu liefern.

Dieses Szenario hat sich Ende der 80er und Anfang der 90er Jahre durch den Nachfragerückgang nach Bussen noch verschlimmert und traf die dänischen Aufbauhersteller besonders hart, speziell nach der Übernahme des Leyland-Busgeschäftes durch Volvo und dem Ersatz der Leyland-Modelle durch Volvos normale Produktpalette. Dänemark war bis zu diesem Zeitpunkt für Leyland einer der wenigen wichtigen Exportmärkte in Europa.

Unter den wenigen verbliebenen Aufbauherstellern in Dänemark litt Aabenraa stark unter der schwindenden Nachfrage, da man es versäumt hatte, sich zu spezialisieren und in dem damals äußerst hart umkämpften Markt eine eigene Nische zu finden.

Heute werden die Busse von der Aabenraa Karosseri A/S nach dem Säffle-System-2000 gebaut.

Als führende Omnibusmarke in Dänemark hatte Volvo die meisten bei Aabenraa mit Aufbauten versehenen Chassis geliefert. So war es keine große Überraschung, als beide Firmen Anfang 1994 bekannt gaben, dass AB Volvo den angesehenen dänischen Aufbauhersteller von dessen deutschem Besitzer Kässbohrer erworben hatte.

In den 5 Jahren nach der Übernahme durch Volvo wurde die Produktion von Stadt- und Überlandbussen schrittweise erhöht. Heute zählt Aabenraa zu den beiden – das andere ist Xian Silver Bus in China – außerschwedischen Werken, in denen Busse nach dem Säffle-System-2000 gebaut werden. Das Werk produziert hauptsächlich Fahrzeuge für den dänischen Markt, viele davon sind äußerst individuell auf die Wünsche der dänischen Kunden und Fahrgäste zugeschnitten.

Während der Internationalen Nutzfahrzeugausstellung (IAA) 1994 in Hannover gab der damalige Präsident der Volvo Bus Corporation Björn Larsson voller Stolz bekannt, dass Volvo den renommierten deutschen Bushersteller Drögmöller übernommen habe. Nach zwei Anläufen, eigene Modelle zu entwickeln – den Italia 99 und den C10M, war es Volvo nunmehr geglückt, ein prestigeträchtiges Unternehmen zu erwerben, das nach weit verbreiteter Ansicht in der Omnibuswelt den Rolls Royce unter den Reisebussen baute.

Kurz nach der Übernahme stellte Volvo einen völlig neuen Reisebus vor: den B12-600. Dieses neue Modell verband den Volvo-12-Liter-Motor mit der unübertroffenen Drögmöller-Aufbau-Konstruktion mit ansteigendem Fahrzeugboden und parallel dazu verlaufender Fensterlinie sowie Theaterbestuhlung, die allen Fahrgästen den Blick nach vorn ermöglicht, nicht nur jenen in der ersten Reihe.

Das unvergleichliche Prestige, der Drögmöllererzeugnisse, beruht auf einer Kombination aus erstklassiger Qualität und hoher Leistung. Drögmöller war der erste deutsche Aufbauhersteller, der in seinen Bussen Hochleistungsmotoren anbot, die hohe Reisegeschwindigkeiten und außergewöhnlichen Komfort ermöglichten.

Der B600 ist mehr als nur ein Drögmöller-Aufbau auf einem vorhandenen Chassis. Volvo beschloss, die Drögmöller-Konstruktion beizubehalten, ersetzte den Motor aus deutscher Produktion allerdings durch ein schwedisches Triebwerk aus Skövde.

Die Theaterbestuhlung war keine Innovation für den Volvo B12-600, sondern ein typisches Merkmal der Drögmöller-Modelle, die zur Zeit der Übernahme durch Volvo zu den leistungsstärksten und komfortabelsten der Welt zählten. Das Programm umfasste den E325 Pull-

Oben links: Ein Drögmöller Euro Comet Mitte der 90er Jahre.
Großes Bild: Ein exklusiver B12-600 Reisebus, gebaut in Heilbronn und fotografiert auf dem Gustaf-Adolf-Platz im Herzen Göteborgs.

man, einen zweiachsigen Überlandbus, den E330H Euro Comet, einen zweiachsigen Luxus-Reisebus, den E430/-E430U Super Comet, einen dreiachsigen Luxus-Reisebus, und den Doppeldecker E440 Meteor, alle mit leistungsstarken Motoren von Daimler-Benz.

Volvo beschloss, die existierenden Modelle aus dem Angebot zu streichen. Zur dieser Zeit verlegte der deutsche Volvo-Bus-Importeur seinen Sitz zu Drögmöller nach Heilbronn.

Rund zehn Jahre nachdem der C10M als Coach of the Year ausgezeichnet worden war, konnte Björn Larsson diese Trophäe mit großer Genugtuung erneut entgegennehmen.

Einige Zeit später trat der B12-500H als Ergänzung neben den B12-600. Im Grunde war es das gleiche Modell, allerdings mit einem normalen Boden und parallel zur Fahrbahnoberfläche verlaufender Fensterlinie.

Der B12-600 und auch der B12-500H wurden als gern gesehene Neuankömmlinge auf dem internationalen Markt für luxuriöse Reisebusse begrüßt. Seit Ihrer Markteinführung blieben beide Modelle, abgesehen von der Umstellung auf modernisierte Versionen der ursprünglichen 12-Liter-Motoren, nahezu unverändert. Diese jüngste Version D12C erfüllte bereits die extrem strengen Abgasgrenzwerte der ab 1. Oktober 2001 geltenden Euro-3-Norm.

Das Styling beider Modelle wurde schrittweise verfeinert, um die Eleganz des B12-600 und B12-500H zu betonen. Zu Modifikationen dieser Art zählte die neue Front, bei der die früheren rechteckigen Hauptscheinwerfer durch kleinere wirkungsvollere Strahler ersetzt wurden.

	Motor-anordnung	Produktions-zeit	-zahl	Gesamtgewicht 4x2	Gesamtgewicht 6x2	Gesamtgewicht Gelenkbus	Hubraum cm^3	Motor-leistung	Anmerkungen
Drögmöller									
Euro PullmanB	(S/L)	1994	*	18.000 kg	—	—	10.964	340–381 PS	
Euro Comet	B (S/L)	1994	*	18.000 kg	—	—	12.763	381 PS	
Super Comet	B (S/L)	1994	*	—	22.600 kg	—	12.763	381 PS	
Meteor	B (S/L)	1994	*	—	24.000 kg	—	12.763	381–435 PS	
Volvo–Drögmöller									
B12–500	B (S/L)	1994–	**	18.300 kg	—	—	12.130	420 PS	
B12–600	B (S/L)	1995–	**	18.300 kg	—	—	12.130	420 PS	

* Zahlenangaben nicht möglich, da das Modell bei der Übernahme Drögmöllers durch Volvo bereits in Produktion war.
** Zahlenangaben nicht möglich, da das Modell noch produziert wird.

Prévost und Nova BUS

Die ganze Zeit hindurch, seit der Gründung der Volvo Bus Division von 1966 nährte das Unternehmen die Vision von einem „Global Player“, hauptsächlich als Hersteller von Bus-Chassis und im letzten Jahrzehnt als Entwickler, Hersteller und Lieferant von kompletten Omnibussen (mit Aufbauten).

Für viele Jahre war Nordamerika nichts weiter als ein weißer Fleck auf der Landkarte der Volvo-Bus-Märkte. Nicht aus Mangel an Interesse, schließlich hatte man den US-Bus-Markt schon in den frühen 70er Jahren unter die Lupe genommen und Mitte der 80er mit der Montage von Stadt- und Überlandbussen in Chesapeake, Virginia, einen ersten Stützpunkt errichtet – in einem Werk, das zuvor Pkws produziert hatte. Dieses Unterfangen erwies sich freilich als Fehlschlag, denn Volvo hatte die Komplexität der gesetzlichen Bestimmungen in den USA unterschätzt und verfügte zudem damals über nicht genügend Erfahrung in der Aufbauherstellung. Die Lizenzproduktion der Schweizer Hess-Aufbauten war eine kostspielige und alles andere als ideale Lösung.

Trotz dieser Rückschläge gelang Volvo zehn Jahre später, Mitte der 90er Jahre, die Errichtung eines Brückenkopfes auf dem nordamerikanischen Kontinent.

Ein ungewöhnlich komfortabler Volvo-Bus wird unter der Marke Prévost verkauft.

1995 übernahm Volvo den angesehenen Bushersteller Prévost, der in mancher Hinsicht als amerikanisches Pendant zu Drögmöller galt. Die Verhandlungen gingen schnell über die Bühne, denn Prévost als etablierter kanadischer Hersteller von Luxus-Reisebussen und Volvo als Weltkonzern im Omnibusmarkt passten ideal zusammen. Auf der Suche nach einem notwendigen Partner für das vielversprechende Prévost-Geschäft verhandelte Volvo mit der Henly-Gruppe, einem der größten Aufbauhersteller in Großbritannien, zwecks

Der Prévost H3 ist in der Topklasse amerikanischer Busse angesiedelt.

Der Nova BUS LFS ist ein optimierter Niederflurbus für amerikanische Städte.

Gründung eines Joint Venture. Auf Grund dieser Übereinkunft erwarben Volvo 51 Prozent, und Henly 49 Prozent der Anteile von Prévost, Volvo seinerseits beteiligte sich mit 10 Prozent an Henly.

Prévost war als Hersteller von Reisebussen in der Luxusklasse bekannt, andererseits erfreute sich die Firma noch höheren Ansehens als Produzent luxuriöser Wohnmobile in der Millionen-Dollar-Klasse sowie als Lieferant üppig ausgestatteter Spezialbusse, zum Beispiel für Musikgruppen oder Automobilrennställe.

Die Prévost-Busse blieben in den rund fünf Jahren der Zugehörigkeit zur Volvo-Gruppe im Grunde unverändert, nach dem Prinzip, ein gewinnbringendes Rezept niemals zu ändern. Daher gab es keine Verwandtschaften zu den übrigen Volvo-Modellen, und der Prévost-Kunde konnte, beispielsweise bei den Motoren, unter einer relativ großen Anzahl von großen oder kleinen Triebwerken von Cummins oder Detroit Diesel wählen.

1998 übernahm Volvo Nova BUS, einen wohlbekannten Hersteller von Stadt- und Regionalbussen für die USA und Kanada, und baute so seine Marktposition weiter aus. Zum Programm der Firma zählten der RTS mit normalem Fahrzeugboden sowie die Niederflurmodellreihe LFS. Auch Nova BUS baute die Fahrzeuge auf nordamerikanische Weise, bei der der Kunde die freie Auswahl unter einer relativ großen Zahl von Motoren unabhängiger Zulieferer hat.

Nova BUS genießt hohes Ansehen für seine ergonomischen und umweltpolitischen Ziele. In Zusammenarbeit mit den US-Behörden arbeitet Nova BUS an Bussen mit Hybrid- oder Brennstoffzellen-Antrieb, die für die künftigen Lebensbedingungen in den Ballungszentren entscheidende Bedeutung genießen werden.

Das Nordamerika-Geschäft übt nachhaltigen Einfluss auf die Prosperität der Volvo Bus Corporation aus. Die USA bilden den größten Markt für das Unternehmen, gefolgt von Mexiko auf Platz zwei und Brasilien auf dem vierten Rang. Etwa jeder vierte Bus wird mittlerweile in der neuen Welt verkauft.

	Motor-anordnung	Produktions-zeit	-zahl	Gesamtgewicht 4x2	Gesamtgewicht 6x2	Gesamtgewicht Gelenkbus	Hubraum cm^3	Motor-leistung	Anmerkungen
Prévost									
LeMirage XL	B (S/L)	1995–	*	—	22.200 kg	—	12.700	330–400 PS	Luxus-Reisebusse, Wohnmobile und Spezialbusse
H3	B (S/L)	1995–	*	—	23.000 kg	—	12.700	330–400 PS	Tourist coach
Nova BUS									
RTS	B (S/L)	1998–	*	17.000 kg	—	—	8.300	200-280 PS	Überlandbus
LFS	B (S/L)	1998–	*	17.000 kg	—	—	8.300	200-280 PS	Niederflurbus

* Zahlenangaben nicht möglich, da das Modell noch produziert wird.

ECB

Volvo baute in der ersten Hälfte der 90er Jahre drei Hybrid-Konzeptfahrzeuge als Grundlage für die künftige Entwicklung von Transportmitteln für unterschiedliche Anwendungen, die Umweltverträglichkeit, Ergonomie und Effizienz unter einen Hut bringen sollten.

Volvo war stets stark an Umweltfragen interessiert. Das Engagement der Firma wurde erstmals bei der UNO-Umweltkonferenz 1972 in Stockholm deutlich, bei der Volvo eine Reihe äußerst schadstoffarmer Dieselmotoren ausgestellt hatte und seiner Rolle als Meinungsbildner gerecht wurde, indem man die Diskussion über umweltverträglichere Verkehrssystem erst richtig in Gang brachte.

Die ausgezeichneten Umwelteigenschaften des Stadtbusses B59 von 1970 mit seinen sukzessive schadstoff- und geräuschärmeren Motoren lieferte ein perfektes Beispiel für Volvos Umweltphilosophie, die schon damals der Gesetzgebung in vielen Ländern voraus war.

Der ECB entstand im Rahmen eines Prozesses, der auch dazu beitrug, die Arbeitsorganisation der Volvo Bus Corporation zu straffen.

Die greifbarsten Beispiele für das Umweltbewusstsein bei Volvo bestanden in einer Reihe von Konzeptfahrzeugen mit Hybrid-Antrieb – den ECC (Environmental Concept Car) und ECB (Environmental Concept Bus), die zwischen 1992 und 1995 präsentiert wurden. Sie waren zwar nie für eine Serienproduktion vorgesehen, zeigten aber mögliche Wege und Mittel auf, wie die einander zuwiderlaufenden Forderungen nach mehr Mobilität und geringerer Beeinträchtigung der Umwelt miteinander zu vereinbaren sein könnten.

Der ECB erschien 1995 und stieß auf breites Interesse ob seiner ungewöhnlichen Erscheinung und des revolutionären Designs.

Die Umwelt bildete nicht den einzigen Kristallisationspunkt bei der Entwicklung dieses Konzeptfahrzeuges, die von einer engagierten Projekt Gruppe binnen 18 Monaten abgeschlossen wurde. Die einzige Aufgabe der Gruppe bestand darin, ein gangbares Verfahren für die Entwicklung umweltverträglicher, ergonomischer, sicherer, leistungsfähiger und wirtschaftlicher Busse für die Zukunft herauszufinden.

Ein weiteres Ziel der Entwicklungsarbeit bildete die Schaffung eines Fahrzeugs zur Personenbeförderung, das Fahrern und Fahrgästen gleichermaßen optimale Sicherheit und maximale Ergonomie bietet. Diese Ziele ließen sich durch das ungewöhnliche Design erreichen, wodurch der Fahrer in „königlicher Einsamkeit" vor dem Fahrgastraum sitzt. Die Idee war nicht gerade neu, wurde aber nicht mehr verwirklicht seit den Tagen der Lkw-Busse aus den 30er Jahren, als das Prinzip bei Busherstellern wie Leyland, Scania-Vabis oder Tidaholm üblich war.

Der ECB besaß einen langen Radstand und durch die Anordnung des Fahrerplatzes ganz vorn ergab sich ein sehr langer und niedriger Fahrgastraum. Die Hinterräder wurden ebenfalls gelenkt, so dass das Fahrzeug nicht unhandlicher war als ein herkömmlicher Bus.

Die Fahrkartenausgabe und -kontrolle erfolgte automatisch durch einen Magnetkartenleser, der vom Fahrer bedient wurde, so dass durch den Fahrkartenverkauf bedingte Zeitverluste beim Einstieg der Fahrgäste entfielen.

Da die Sicherheit oberste Priorität genoss, war der Bus mit Aufhängungen und Bremsen ausgerüstet, die höchste Anforderungen an Komfort und aktive Sicherheit erfüllten. Statt Rückspiegeln wurde am Heck eine Videokamera installiert, die sich einschaltete, wenn der Fahrer den Rückwärtsgang einlegte.

Mit Batterieantrieb lief der Bus, zum Beispiel in Innenstädten abgasfrei. Geladen wurden die Batterien bei Bedarf über einen Generator mit Gasturbinenantrieb. Die Antriebsaggregate kamen von KTT aus Malmö, einem Unternehmen in der Volvo-Gruppe, das auch die Erdgasbusse für die Göteborger Verkehrsbetriebe entwickelt hatte. Da die Gasturbine auch mit nachwachsenden Rohstoffen abgasarm betrieben werden kann, war der ECB, was den Ausgleich zwischen Umweltverträglichkeit, Vielseitigkeit und Beförderungsleistung angeht, allen bisherigen Fahrzeugen für den Personentransport überlegen.

Das Design des Fahrerplatzes war ebenso futuristisch wie das äußere Styling.

Das Modell wurde zur Bus-Ausstellung im belgischen Kortrijk präsentiert, wo es auch unter alltäglichen Verkehrsbedingungen erprobt wurde – zum großen Erstaunen der dortigen Bevölkerung.

Auch wenn der ECB nie für eine Serienproduktion vorgesehen war, so hat er doch Anstöße für eine produktive Debatte geliefert und eine Basis für die Entwicklung künftiger Volvo-Busse mit fortschrittlichen Umwelteigenschaften geschaffen. Gegenwärtig sind Hybridbusse mit Gasturbinen in Göteborg im Einsatz, und Busse, die vom ECB abstammen, dürften sicherlich demnächst auf den Straßen der Stadt erscheinen.

Nachdem er seine Rolle erfüllt hatte, blieb der ECB der Nachwelt im Volvo-Museum in Arendal bei Göteborg erhalten. Dort ist er gemeinsam mit seinen Vorläufern ausgestellt, etwa dem ersten Volvo-Bus von 1928.

	Motor-anordnung	Produktions-zeit	-zahl	Gesamtgewicht 4x2	Gesamtgewicht 6x2	Gesamtgewicht Gelenkbus	Hubraum cm^3	Motor-leistung	Anmerkungen
ECB		1995	1	15.000 kg	–	–		110+94 kW	Einmaliger Konzeptbus

B7R

Die 90er Jahre sind bei der Volvo Bus Corporation durch eine beschleunigte globale Expansion gekennzeichnet, die in gewissem Maße strategischen Übernahmen zu verdanken war. Der zweite entscheidende Faktor jedoch lag in der Ausweitung des Produktprogramms, speziell durch die modernen Heckmotor-Modelle für eine Vielzahl von Einsatzbereichen.

Der 1997 eingeführte B7R ist einer der wichtigsten Busse, die Volvo jemals gebaut hat. In der Praxis ist das Modell zugleich eine moderne Ergänzung wie auch ein Nachfolger zu den robusten Frontmotorbussen, die Millionen von Fahrgästen in Gegenden weitab von Göteborg befördert haben, wo der Bus die einzig realistische Alternative zum Pkw darstellt.

Der B7R war der erste Volvo-Bus, dessen Premiere nicht in Europa stattfand, sondern in Südafrika. Der Ort der Vorstellung war mit Bedacht gewählt worden, denn das Modell soll in nennenswertem Umfang zum Volvo-

Der B7R, hier ein Exemplar mit Säffle-Aufbau in Göteborg eignet sich für Einsätze in aller Welt.

Das ebene B7R-Chassis vereint Komfort, Effizienz und Umweltverträglichkeit eines modernen Busses mit der einfachen Eleganz der Lkw-Busse aus alter Zeit.

Volvo hat viele Jahre lang Fahrzeuge nach Südafrika geliefert. Der B7R ist heute das wichtigste Produkt der Volvo Bus Corporation für dieses Land.

Wachstum in neuen Märkten beitragen, sowohl in den Entwicklungsländern und in Gebieten, wo Volvo-Busse bislang nicht verkauft wurden.

Der B7R war auch der erste Volvo-Bus mit einem 7-Liter-Heckmotor. Als Antriebsquelle dient der bewährte D7A, der sich mit einer Ausgangsleistung von 285 PS ideal für einen zweiachsigen Bus eignet. Der B7R ist ein unkompliziertes Modell, das sich für rationelle Produktion in vielen unterschiedlichen Montagewerken in aller Welt anbietet. Aus diesem Grunde ist der Motor auch am hinteren Ende stehend eingebaut.

Die Chassiskonstruktion des B7R ist eine Synthese aus B7F und anderen Modellen aus dem Produktprogramm. Der gerade Rahmen, der an die Lkw-Rahmen erinnert, vereint die Stabilität und Standfestigkeit der robusten Frontmotor-Typen mit dem Komfort der übrigen Volvo-Modelle.

Als einer der wichtigsten Pfeile im Volvo-Wachstumsköcher wird der B7R mit zahlreichen Spezifikationen angeboten, darunter verschiedene Motorleistungen oder die Wahl zwischen konventioneller Hinterachsaufhängung und Luftfederung.

Der große Spielraum des Modells für lokale Anpassungen wird daran deutlich, dass es als Grundlage für die Sunwin-Busse dient, deren Produktion in Shanghai jüngst begonnen hat, darunter auch die einer an den chinesischen Stadtverkehr angepassten Version.

	Motor-anordnung	Produktions-zeit	-zahl	Gesamtgewicht 4x2	Gesamtgewicht 6x2	Gesamtgewicht Gelenkbus	Hubraum cm^3	Motor-leistung	Anmerkungen
B7RB (S/L)	1997–	*	17.500	—	—	—	6.724	230–285 PS	Neues Modell

* Zahlenangaben nicht möglich, da das Modell noch produziert wird.

Carrus war lange Zeit für seine komfortablen Reisebusse bekannt.

Heute wird ein bedeutender Anteil der Volvo-Busse als Komplettfahrzeug sowohl mit Volvo-Chassis als auch mit Aufbauten aus der Volvo-Gruppe gebaut. Dies ist ein relativ neues Phänomen. Bis zur Übernahme von Aabenraa 1994 wurde lediglich eine relativ kleine Zahl von Stadt- und Überlandbussen von der früheren Firma Höglund in Säffle, die seit 1981 zur Volvo-Gruppe zählt, mit Aufbauten versehen. Der Rest der Chassis wurde an unabhängige Aufbauhersteller geliefert, die sie mit ihren Produkten nach den individuellen Wünschen und dem Geschmack der Kunden zu fertigen Fahrzeugen aufbauten, häufig mit besonderen nationalen oder lokalen Eigenheiten.

Da Volvo als „neutraler" Chassis-Lieferant mit diesen Firmen nicht im Wettbewerb stand, erfreute man sich großer Beliebtheit bei fast allen namhaften Aufbauherstellern der westlichen Welt.

Für die nordischen Länder Dänemark, Finnland, Island, Norwegen und Schweden spielte Finnland lange Zeit eine führende Rolle als Hersteller von Bus-Aufbauten. Neben dem heimischen Markt versorgten mehrere angesehene finnische Firmen auch Exportmärkte mit kompletten Bussen, zumeist auf Basis von Volvo-Chassis, da die heimische Marke SISU vorwiegend im Lande blieb. In den 60er und 70er Jahren erfreuten sich die von Hägglund & Söner in Örnskjöldsvik importierten Aufbauten von Wiima besonderer Beliebtheit bei Betreibern wie der Göteborger Straßenbahn.

Für diesen letzten Endes jedoch begrenzten Markt erwies sich die Zahl der Aufbauhersteller in Finnland als zu hoch, ganz besonders als die Branche durch hochwertige Importe unter Druck geriet. In dieser Situation trat Ilmari Mustonen mit seinem Vorschlag hervor, die Einzelfirmen zu einer leistungsfähigen Gruppe zusammenzuschließen, um so eine starke Position im Markt zu schaffen, selbst in Ländern außerhalb der nordischen Region.

Mustonen gründete 1989 den Aufbauhersteller-Konzern Carrus – der lateinische Begriff für „Wagen". Zu dieser Gruppe zählten mehrere angesehene Produ-

Die Produktion bei Carrus verbindet rationelle, neuzeitliche Produktionsmethoden mit traditioneller Handwerkskunst.

zenten von Bus-Aufbauten, darunter auch Kutter, der „finnische Drögmöller“, der lange Jahre hindurch Aufbauten auf Holzrahmen fertigte. Dank ihrer Qualität und des hohen Prestiges besaßen Kutter-Aufbauten stets einen höheren Wiederverkaufswert als „normale“ Busse. Mustonen konzentrierte sich auf die Produktion von robusten Stadt- und Überland-Bussen und auf luxuriöse Reisebusse die sich mit den besten Produkten vom europäischen Kontinent maßen oder ihnen sogar überlegen waren.

Die Carrus-Gruppe mit Sitz in Tammerfors ging 1998 in den Besitz von Volvo über. Der Gründer wollte sich langsam aus dem Geschäft zurückziehen und suchte einen Partner, der langfristiges Fortbestehen und Expansion garantieren konnte. Da die meisten Carrus-Busse auf Volvo-Chassis entstanden waren – nur 120 von 478 seit 1997 gefertigten Fahrzeugen besaßen Chassis

Das jüngste Carrus-Modell, der Volvo 8700, ist ein Luxus-Reisebus auf Basis des Volvo-B12B-Chassis.

von anderen Herstellern, hauptsächlich Scania und Daimler-Benz –, kristallisierte sich Volvo als naheliegender Partner für die Übernahme des Unternehmens mit seinen 750 Mitarbeitern heraus.

Für Volvo erwies sich das Geschäft als vorteilhaft. Auf einen Schlag hatte man einen der besten Reisebushersteller der Welt erworben, und das zu einer Zeit, da mehr und mehr Importeure nach einem weiteren fertigen Luxus-Reisebus neben dem deutschen Drögmöller riefen.

Im Gegensatz zu den Aufbauten aus Säffle, von Aabenraa und Xian Silver Bus in China, die alle nach dem Säffle-System-2000 aus Aluminium gefertigt werden, baut Carrus in herkömmlicher Weise mit rostfreiem Edelstahl.

Heute wird sowohl im polnischen Wroclaw, wo Volvo und Carrus 1995, einige Jahre vor der Übernahme, ein Gemeinschaftsunternehmen errichtet hatten, als auch bei MASA in Mexiko nach dem Carrus-Konzept gearbeitet. Als Basis für die Carrus-Busse dienen Mittel- und Heckmotor-Chassis von Volvo, das neueste Modell basiert auf dem B12M.

Obwohl Carrus als modernes Unternehmen rationelle Fertigungsmethoden einsetzt, ist die Produktion in weitem Umfang noch handwerklicher Natur. Jeder Bus wird nach den individuellen Wünschen und Forderungen gebaut und erfordert im Schnitt 1.400 Arbeitsstunden.

Nach der erfolgreichen Übernahme mehrerer Bus- und Aufbauhersteller in Europa und den USA, lag es nahe, dass Volvo die Suche nach anderen florierenden Unternehmen fortsetzte, mit denen man zusammenarbeiten oder fusionieren konnte, um so die fortgesetzte Konsolidierung in der Branche zu bewältigen. In diesem Zusammenhang erschien Mexiko als geeigneter Markt für Studien, ganz besonders im Kielwasser der erfolgreichen Übernahmen von Prévost und Nova BUS in Nordamerika.

Die 90er Jahre erlebten die mexikanischen Busbauer als schwere Zeit. Wegen der schwachen Nachfrage sahen sich viele örtliche Unternehmen zur Schließung gezwungen und auch etliche ausländische Anbieter zogen sich aus dem Markt zurück. Einige Unternehmen jedoch hatten die Krise überstanden, darunter der Marktführer MASA (Mexicana de Autobuses Anõnima). MASA war 1944 gegründet und wurde 1989 zu einem Privatunternehmen reorganisiert.

Anfang 1998 übernahm Volvo mit MASA einen Hersteller, der die Hälfte der Produktion großer Busse in Mexiko bestritt.

Die Produktion des Volvo 7550 wurde ein wichtiger Teil des MASA-Geschäftes.

MASA betrieb das Geschäft in zwei Richtungen: Produktion kompletter Stadt-, Überland- und Reisebusse auf eigenen Chassis und die Aufbauherstellung für Chassis von anderen Herstellern. Das Kernstück

Neben den stilvollen Reisebussen bilden die robusten Stadt- und Überlandbusse das Rückgrat des MASA-Programms.

des Produktprogramms bildeten große Busse mit 15 Tonnen Gesamtgewicht und darüber, daneben spielte die Aufbauherstellung eine wichtige Rolle. In früheren Jahren zählten dazu auch Haubenfahrzeuge wie die Modelle Spectrum und Genesis.

Mit Rücksicht auf nationale Traditionen, Vor schriften und Kundenwünsche plante Volvo nicht, sofort eigene Modelle zu importieren, sondern entschied sich – wie zuvor bei Prévost und Nova BUS – für die weitere Produktion der beliebten Modelle aus dem MASA-Programm. Neben der erwähnten Aufbauherstellung baute MASA als eigene Produkte den Stadtbus C10/C11, die Reisebusse Strada und Busscar sowie den Trolleybus Trolebús 9000.

Die Übernahme MASAs durch Volvo weckte spontan beträchtliche Aufmerksamkeit bei den lokalen Verkehrsbetrieben, von denen einige Interesse am Kauf supermoderner, nach europäischem Standard gebauter komfortabler Reisebusse bekundeten. Volvo reagierte mit dem Angebot des Reisebusses 7550, der im Grunde ein B12 mit Carrus-Aufbau war, und erhielt etwa ein Jahr darauf eine namhafte Bestellung über 900 dieser Busse für das IAMSA-Konsortium.

Im Gefolge dieser bedeutenden Order investierte Volvo sogleich 23 Mio. US-Dollar in die Erweiterung und Modernisierung des MASA-Werkes. Nach dem Import von 45 kompletten Bussen, die in Viared und bei Carrus gebaut worden waren, konnte Volvo nun den 7550 in Mexiko in wachsenden Stückzahlen bauen. Bestellungen kamen jetzt auch von diversen anderen Kunden.

Auf die Übernahme durch Volvo folgten Jahre des Aufschwungs. Die Produktion stieg, ebenso die Zahl der Beschäftigten, und allmählich nahm der Markenname

Der Busscar zählt zu den Modellen aus dem Programm, das Volvo von MASA übernommen hat.

Volvo in rechtlichen Angelegenheiten wie im Marketing die Stelle von MASA ein. Bis auf weiteres dürfte die Produktion sowohl aus traditionellen MASA-Erzeugnissen als auch aus Volvo-Bussen bestehen, wobei sich die jeweiligen Anteile nach den Wünschen der mexikanischen Omnibusbetreiber richten.

Mexiko zählt für Volvo zu den Märkten mit dem größten Potential, nicht bloß im Gefolge der erfolgreichen MASA-Übernahme, sondern auch auf Grund der Sonderstellung, die der Omnibus als Personenbeförderungsmittel in einem Land einnimmt, wo die Eisenbahn eine untergeordnete Rolle spielt und den meisten Menschen das Geld für Flugreisen fehlt.

	Motor-anordnung	Produktions-zeit	-zahl	Gesamtgewicht 4x2	Gesamtgewicht 6x2	Gesamtgewicht Gelenkbus	Hubraum cm^3	Motor-leistung	Anmerkungen
MASA									
C10	F (S/L)	1998–	*	13.050 kg	—	—	5.900	190–215 PS	
C11	F (S/L)	1998–	*	14.200 kg			5.900	190-215 PS	
Scala	B (S/L)	1998–	*	15.379 kg	—	—	8.400	210–250 PS	
Strada	B (S/L)	1998–	*	16.434 kg	—	—	8.500	315–330 PS	
Busscar	B (S/L)	1998–	*	17.145 kg	21.249 kg	—	12.700	330–370 PS	
Trolebús 9000		1998–	*	18.375 kg	—	—		127 kW	
Volvo 7550									

* Zahlenangaben nicht möglich, da das Modell noch produziert wird.

B7L, 5000 und 7000

Der Zeitraum von 1966 bis 1990 war für die Volvo-Bus-Produktion eine Zeit der strikten Konzentration auf Busse mit zwischen den Achsen eingebauten 10-Liter-Unterflur-Motoren. Trotz häufiger Nachfrage nach Heckmotor-Versionen bot Volvo im Stadtbusbereich lediglich Mittelmotormodelle an. Sämtliche Gelenkbusse basierten auf dem Mittelmotor-Chassis, ungeachtet der Erfolge, die andere Hersteller wie Scania und Mercedes-Benz mit Heckmotor-Modellen feierten.

Unter der Ägide von Larserik Nilsson wurde das Volvo-Produktprogramm um vielseitige Heckmotor-Modelle bereichert. Nilssons Nachfolger Björn Larsson setzte die Politik der Entwicklung von Volvo-Bussen für alle Kundengruppen fort, auch für solche, die nicht völlig von den Vorteilen der Mittelmotor-Typen überzeugt waren.

Während dieser Zeit wurden die Stadt- und Kurzstreckenbusse immer ergonomischer, mit niedrigen Böden und Einstiegshöhen.

1998 stellte Volvo seinen zweiten Niederflurbus vor, den B7L. Das neue Modell löste den B10L in allen Belangen ab, bei denen ein niedriger Einstieg besonders wichtig war. Der B10L blieb aber weiterhin Volvos Haupt-Erdgas-Modell.

Eine Voraussetzung für die Einführung eines leichteren Niederflur-Busses war die Entwicklung des neuen D7C-Motors, der für den B7L wie auch für den Lkw FM7 vorgesehen war. Das neue Triebwerk besaß mehr Hubraum, bot höhere Leistung – bis zu 310 PS – und ein besseres Drehmoment, das in idealer Weise die Anforderungen an die Antriebsquelle für einen Stadtbus erfüllte, bei dem ein niedriges Leergewicht für die Optimierung der Beförderungskapazität in Stehplätzen ausschlaggebend ist.

Die Absenkung des Wagenbodens und die Erleichterung des Einstiegs für Fahrgäste genossen bei der Entwicklung des B7L oberste Priorität. Durch die Verwendung der vorderen Einzelradaufhängung konnte die Einstiegshöhe minimiert werden, zugleich ergab sich daraus ein stabileres Fahrverhalten und ein hohes Komfortniveau. Die hintere Tiefbettachse mit Nabenvorgelege ermöglichte die Anordnung der Achse unterhalb der Radmitte. Der Wagenboden konnte dadurch an der hinteren Tür auf 345 mm und vorn auf 320 mm abgesenkt werden. Über die entsprechende Funktion der Luftfederung lässt sich der vordere Einstieg an Haltestellen um weitere 90 mm absenken.

Der Fahrerplatz mit verstellbarem Lenkrad und Armaturenbrett wurde nach modernsten ergonomischen Gesichtspunkten gestaltet. Die vollautomatische Kraftübertragung mit hydraulischem Drehmomentwandler ist mit drei, vier oder fünf Vorwärtsgängen lieferbar.

Wie das Vorgängermodell B10L besitzt der B7L Scheibenbremsen an den Vorderrädern und herkömmliche Trommelbremsen hinten.

Als komplette Baureihe war der B7L von Anfang an als konventioneller Zweiachser lieferbar sowie als Gelenkbus. Bei diesem wurden Motor und Kraftübertragung in den Hinterwagen verlegt – so weit weg wie möglich von Fahrer und Fahrgästen, um den

Ein Volvo-7000-Gelenkbus im schwedischen Straßenbild.

Polnische Fahrgäste genießen den Komfort des Volvo 7000.

Geräuschpegel möglichst niedrig zu halten. Das Chassis kann je nach Wunsch des Kunden und der jeweils geltenden Umweltschutzvorschriften in Ausführungen mit 77 oder 80 dB(A) Außengeräusch geliefert werden.

Für die Zweiachs-Version stehen Motoren mit Leistungen bis 290 PS zur Verfügung, den Gelenkbus gibt es auch mit einem 320-PS-Triebwerk. 15 Jahre zuvor, bei der Vorstellung des C10M galt dies selbst für einen 10-Liter-Motor als hoher Wert. Eine Doppeldeckerversion des B7L wird als B7TL für die Märkte angeboten (in erster Linie Großbritannien und Irland), die diesen Typ dem Gelenkbus vorziehen, wenn es auf hohe Beförderungskapazität ankommt. Bei dieser Spezialversion des Niederflur-Modells ist der Motor quer eingebaut, das T (von „transversely“ oder schwedisch: „tvär“) in der Modellbezeichnung weist darauf hin.

Volvo begnügte sich nicht mit der Chassis-Version des neuen Modells. Zwei neue komplette Busse auf dem B7L-Chassis wurden ebenfalls 1998 vorgestellt. Die Serie 5000 wird nach dem Säffle-System-2000 aus Aluminium gebaut, während der 7000 eine Edelstahlkonstruktion nach der von Carrus in Finnland perfektionierten Methode darstellt. Beide Modelle werden in verschiedenen Werken der Volvo Bus Corporation gebaut und sind als Zweiachser oder als Gelenkbusse lieferbar.

Die Wahlmöglichkeit beim B7L zwischen Doppeldecker mit Quermotor und der einfachen Ausführung mit längs eingebautem Motor ist nur ein Beispiel für die Vielfältigkeit im modernen Volvo-Produkt-Programm. Im Jahre 2000 begann im Volvo-Werk im polnischen Wroclaw die begrenzte Produktion von Trolley-Bussen auf Basis des B7L-Chassis. Die Modelle sind für den Einsatz im Personennahverkehr der Schweiz gedacht, wo der Trolleybus im Interesse einer verbesserten städtischen Umwelt eine lange Tradition hat. Schon etliche Jahre zuvor wurden B58- und B10M-Trolley-Busse in die Schweiz geliefert.

Neue Versionen der Volvo-Basismodelle erscheinen in kontinuierlicher Folge, während Omnibusbetriebe in den verschiedensten Teilen der Welt Busse nach individuellen Spezifikationen bestellen. Diese Nachfrage kann dank des ausgeklügelten Designs, dank rationeller Komponentenspezifikation und flexiblen Produktionsstätten erfüllt werden.

	Motor-anordnung	Produktions-zeit	-zahl	Gesamtgewicht 4x2	Gesamtgewicht 6x2	Gesamtgewicht Gelenkbus	Hubraum cm^3	Motor-leistung	Anmerkungen
B7L	B (S/L)	1998–	*	18.900 kg	—	28.000 kg	7.284	215–310 PS	Nachfolger des B10L
B7TL	B (S/T)	1999–	*	18.000 kg	—	—	7.284	215–250 PS	Nachfolger des Volvo Olympian (in Europa)

* Zahlenangaben nicht möglich, da das Modell noch produziert wird.

Der „Messing-Bus“

Ob der neue Bus, der jetzt auf den Straßen im norwegischen Bergen zu sehen ist, der hässlichste oder der schönste Bus ist, den Volvo jemals gebaut hat, ist natürlich ein Frage des persönlichen Geschmacks. Wie auch immer, der Bus fand beträchtliche Aufmerksamkeit und dient nicht nur als höchst ungewöhnliches Beförderungsmittel, sondern auch als rollende Werbung für seinen Besitzer, die Seilbahn-Betriebsgesellschaft „Ulriksbanen“.

Genau genommen ist das Fahrzeug eigentlich kein Volvo-Bus, sondern ein Volvo-Lkw mit einem Busaufbau, ähnlich den „Lkw-Bussen“, wie sie an anderer Stelle in diesem Band beschrieben werden. Die Basis des „Messing-Busses“ (der Titel stammt vom Autor) bildet ein FM7-Lkw-Chassis mit 250-PS-Motor und Volvo-Powertronic-Automatikgetriebe, das normalerweise nur in Baustellenfahrzeugen und Zugmaschinen eingesetzt wird.

Den Anstoß zu diesem ungewöhnlichen Fahrzeug lieferte Thorbjørn Sirseth, Chef der Seilbahngesellschaft „Ulriksbanen“, die Touristen auf den Ulriksberg befördert, die höchste Erhebung in der Region. Diese wohlbekannte Touristenattraktion hat mit einem Nachteil zu kämpfen: sie liegt drei Kilometer vom Bergener Stadtzentrum entfernt, und obwohl normale Busse vollauf genügen, um Touristen dorthin zu bringen, fehlt ihnen das Außergewöhnliche, während der neue Bus Neugier weckt und eine größere Zahl von Besuchern anlockt. Aus diesem Grunde hält Thorbjørn Sirseth die 3,5 Mio. norwegischen Kronen für gut angelegt, obwohl ein normaler Bus nur halb so viel gekostet hätte.

Der brandneue Bus sieht nicht nur danach aus, er besteht auch zum großen Teil aus echtem altem Messing und Glas und beweist so, dass nicht alles Gold ist, was glänzt. Etwa 1.500 kg des attraktiven gelben Metalls wurden für den Bau des Fahrzeugs verbraucht, dazu 1.000 kg Glas, damit die 42 Fahrgäste von ihren komfortablen Sesseln aus die spektakuläre Aussicht auf die Berge in der Landschaft um Bergen genießen können.

Die Entwicklung des Busses ist eine Geschichte für sich. 1993 hatte Sirseth einen Doppeldecker von Leyland aus Großbritannien importiert, scheiterte beim Versuch der Zulassung jedoch an den strengen norwegischen

Die Fotos auf diesen Seiten zeigen den einmaligen „Messingbus“ von Bergen, der auf einem FM7-Lkw-Chassis entstanden ist.

Fahrzeug- und Sicherheitsvorschriften. Sirseth gab nicht auf, und nachdem fast alle Aufbauhersteller in Skandinavien und Finnland sein Ansinnen für unmöglich hielten, fand er mit der schwedischen Firma Helmark Carosseri AB einen Partner für den Bau des Messingbusses. Helmark baute den Bus genau nach Sirseths Spezifikationen, der zeitweise praktisch bei Helmark wohnte, um sicherzustellen, dass das Endprodukt auch genau seinen Vorstellungen entsprach.

Obwohl selbst Volvo daran zweifelte, dass der Bus jemals zur Personenbeförderung zugelassen würde, nahm das Fahrzeug diese Hürde anstandslos. Sirseth hatte die einschlägigen Vorschriften eingehend studiert, bevor das Modell entworfen und gebaut wurde, und das zahlte sich bei der Zulassung aus.

In Fragen der Sicherheit entspricht das einmalige Modell allen anderen Bussen, ja die meisten übertrifft es sogar. Sämtliche der ledergepolsterten Sitze sind mit Dreipunktgurten versehen, und das norwegischen Technologie-Institut hat eingehende Stabilitätsprüfungen an dem Modell vorgenommen. Zusätzlich zum ABS-Bremssystem ist das Powertronic-Getriebe mit einem leistungsfähigen hydraulischen Intarder ausgestattet, um höchstmögliche Bremsleistung sicherzustellen.

In technischer Hinsicht ist der Bus äußerst fortschrittlich, besonders beim Fahrkomfort. Dank elektronisch gesteuerter Luftfederung sitzen die Passagiere höchst komfortabel, während sie dem achtsprachigen Informationssystem lauschen. Es wird automatisch über GPS gesteuert, so dass der gesprochene Text sich auch genau auf das bezieht, was die Fahrgäste gerade durch die großzügige Verglasung an den Seiten und im Dach des Fahrzeugs zu Gesicht bekommen.

Der einzigartige Messingbus ist anders als alle anderen Volvo-Modelle einst und jetzt. Zum Glück haben Thorbjørn Sirseth und Helmark Carosseri ihre Arbeit gekrönt, indem sie den Grill mit der berühmten „Volvo-Diagonale" schmückten – natürlich in echtem Messing.

In den vergangenen 10 Jahren hatte die Volvo Bus Corporation sukzessive eine breite Palette unterschiedlicher Modelle eingeführt, die nach rationellen Methoden mit einem Minimum von Komponenten produziert werden. Außerdem hat Volvo eine Reihe von Produktionsstätten erworben, die unterschiedliche oder ähnliche Produkte herstellen. Mitte der 90er Jahre stellte sich heraus, dass Volvo nicht nur die eigenen Produkte, sondern auch die Produktionsstätten den veränderten Bedingungen anpassen musste, besonders im Hinblick auf die zunehmenden Verkäufe in Mitteleuropa.

Diese Entwicklung ging einher mit der fortschreitenden Annäherung der ehemaligen Ostblockstaaten an Westeuropa, und es wurde klar, dass Länder wie Polen, die Tschechische Republik oder Ungarn bei Handel, Technik und Qualität allmählich die Standards der westeuropäischen Länder erreichen würden.

1993 weitete Volvo seine Aktivitäten in Polen aus und konzentrierte sich dabei hauptsächlich auf Lkws und Busse.

Im Rahmen dieser Expansion nahm Volvo Mitte der 90er Jahre in Kooperation mit dem damals noch unabhängigen Aufbauhersteller Carrus dort die Produktion von Bus-Chassis sowie von Edelstahl-Bus-Aufbauten nach der „Carrus-Methode“ auf. Das Geschäft florierte, und Mitte 1998 beschloss Volvo, seine gesamte Europaproduktion von Stadt- und Überlandbussen nach Wroclaw im Südwesten Polens zu verlagern. Gemäß dieser Politik fiel auch die Entscheidung für die Verlagerung der Fertigung der Aufbauten für diese Fahrzeuge von Steyr in Österreich nach Wroclaw. Die Produktion der luxuriösen Reisebusse blieb unverändert im früheren Drögmöller-Werk Heilbronn.

Das im Mai 2000 eröffnete Werk in Wroclaw produziert jetzt die meisten kompletten Volvo-Stadt- und Überlandbusse für den europäischen Markt. Mit einer Gesamtproduktion von 800 Chassis im Jahr 2000 ist es eine eindrucksvolle Anlage. Etwa 300 davon werden als Komplettfahrzeuge mit Volvo-Chassis und Volvo-Aufbauten der Serie 7000 ausgeliefert. Die Zukunftspläne sind auf eine Jahreskapazität von 2.500 Bussen angelegt, 1.100 davon als Komplettfahrzeuge.

Das Werk Wroclaw veranschaulicht die zentralen Werte bei Volvo: Qualität, Sicherheit und Umweltbewusstsein. Entsprechend der Volvo-Praxis der vergangenen 10 Jahre wurde Wroclaw für die Bus- und Lkw-Produktion nach ISO 9002 zertifiziert und nach ISO 9001 für die restlichen Aktivitäten. Bei der offiziellen Eröffnung im Mai 2000 erhielt das Werk für die Einführung einer positiven Umweltpolitik außerdem das Zertifikat nach ISO 14001.

Mit gegenwärtig über 1.000 Mitarbeitern bildet Wroclaw das Zentrum für die künftige Expansion der Volvo Bus Corporation in Europa.

Auf diesen Seiten: Ansichten der Bus-Produktion in Wroclaw.

G.N.P.-A3

B2

Die Markteinführung des B12M ging einher mit der Vorstellung des ersten kompletten Busses auf der neuen TX-Plattform. Das fragliche Modell ist der Überlandbus Volvo 8500 mit Aufbau von Säffle Karosseri AB nach dem patentierten System 2000.

Der 8500 ist ein Allround-Modell und eignet sich für Einsätze aller Art, außer als optimierter Stadtbus oder als individuell gestalteter Reisebus. Chassis und Aufbauten für derartige Einsatzbereiche zählen zum aktuellen Modellprogramm, und neue Versionen auf Basis der TX-Plattform dürften im Laufe der Zeit von verschiedenen Aufbauherstellern angeboten werden. Allerdings eignet sich der 8500 weniger als Stadtbus, da das Mittelmotor-Konzept einen besonders niedrigen Fahrzeugboden nicht zulässt.

Die größten Stärken des 8500, einmalige Vielseitigkeit und perfekte Gewichtsverteilung, die zum exzellenten Fahrverhalten des Modells unabhängig vom Beladungszustand beiträgt, entsprechen genau jenen, die den B10M zum beliebtesten Bus in Skandinavien gemacht haben.

Der 8500 wartet mit einem Komfort auf, der fast mit dem in speziell gebauten Luxus-Reisebussen vergleichbar ist. Wirksame Geräuschdämmung ermöglicht entspanntes Reisen. Die eingebaute Audioanlage mit Radio und CD-Wechsler trägt ebenfalls dazu bei, und dank des eingebauten Videosystems können Fahrer und Reiseleiter ihre Fahrgäste auch mit TV und Videoprogrammen unterhalten. Die Bordküche ist mit Kochplatte, Kühlschrank und Kaffeemaschine ausgestattet.

Sicherheit stand bei der Entwicklung des 8500 oben an. Schon die Basisversion bietet Dreipunktgurte für den Fahrer wie auch für den Reiseleiter und die Fahrgäste, und auf Wunsch sind spezielle Sicherheits-Kindersitze erhältlich. Toilette und Motorraum sind mit Rauchmeldern ausgestattet, und im Motorraum ist ein automatisches Löschsystem installiert. Eine TV-Kamera an der Rückseite des Busses verhindert Unfälle beim Rückwärtsfahren. Sie wird automatisch beim Einlegen des Rückwärtsganges eingeschaltet und liefert eine perfekte Übersicht für die Rückwärtsfahrt.

Der Volvo 8500 (oben rechts auf der nächsten Seite) bietet eine Reihe von revolutionären Sicherheitsmerkmalen und ist serienmäßig mit Sicherheitsgurten für die Fahrgäste ausgestattet.

Das neue Modell hat den Überschlagtest nach der europäischen Richtlinie R66 erfolgreich absolviert. Ein Seitenaufprallschutz sorgt für zusätzliche Sicherheit bei Unfällen. Die Festigkeit des Aufbaus in Verbindung mit den eingebauten Sitzgurten machen den 8500 zum sichersten Volvo-Bus überhaupt.

Auch wenn der 8500 nicht unbedingt als Langstrecken-Reisebus konzipiert wurde, so haben die Konstrukteure doch großzügige Gepäckabteile vorgesehen. Zwei Gepäckräume in voller Länge werden durch einen dritten oberhalb des Motors ergänzt. Das Modell fasst je nach Aufbau bis zu 11 Kubikmeter Gepäck.

Der 8500 ist das erste Komplettfahrzeug auf der TX-Plattform, weitere werden gewiss folgen.

B12B und B12BLE

Der B12M erschien als erster Vertreter der neuen TX-Bus-Familie. Schon bei seiner Markteinführung als Nachfolger des B10M kündigte die Volvo Bus Corporation an, dass eine ganze Reihe neuer Busse folgen würde, um nahezu alle Modelle zu ersetzen, die zwischen 1988 und 1993 eingeführt worden waren.

Die radikalste Neuerung bei allen TX-Modellen besteht im Spaceframe. Er tritt an die Stelle des konventionellen Rahmens, den fast alle Busse besaßen, seit 1895 das erste Modell mit Verbrennungsmotor erschienen war. Die hohe Flexibilität der einzelnen Chassis-Komponenten bietet unübertroffene Möglichkeiten zum Bau umfassend erprobter Busse mit unterschiedlichen Motor-Konfigurationen für mannigfaltige Einsätze und in verschiedenen Größenklassen.

Das TX-Programm umfasst eine Reihe von vorderen, mittleren und hinteren Chassis-Sektionen. So kann mit einer geringen Anzahl von Grundkomponenten eine Vielzahl von Modellvarianten realisiert werden: Mittel- und Heckmotorbusse, in Zwei- oder Dreiachsausführung, als Stadt-, Überland oder Reisebus, mit einer Ebene oder als Doppeldecker.

Auf die Markteinführung des B12M im Herbst 2000 folgten noch im gleichen Jahr der B12B und im Frühjahr 2001 der B12BLE als zwei weitere Mitglieder der TX-Familie.

Bis auf eine „Kleinigkeit" ist der B12B mit dem B12M identisch. Anders als bei letzterem, bei dem Unterflurmotor und Getriebe zwischen den Achsen längs eingebaut sind, wurde die Antriebseinheit beim B12B um 180 Grad gedreht und hinter der Hinterachse eingebaut, so dass der Motor jetzt nicht mehr vor sondern hinter dem Getriebe angeordnet ist. Auf diese Weise erzielte Volvo, was die Einsatzmöglichkeiten angeht, höhere Flexibilität als beim Gegenstück mit Mittelmotor, da die Lage der Antriebskomponenten einen niedrigeren Wagenboden im Bereich zwischen den Achsen zulässt.

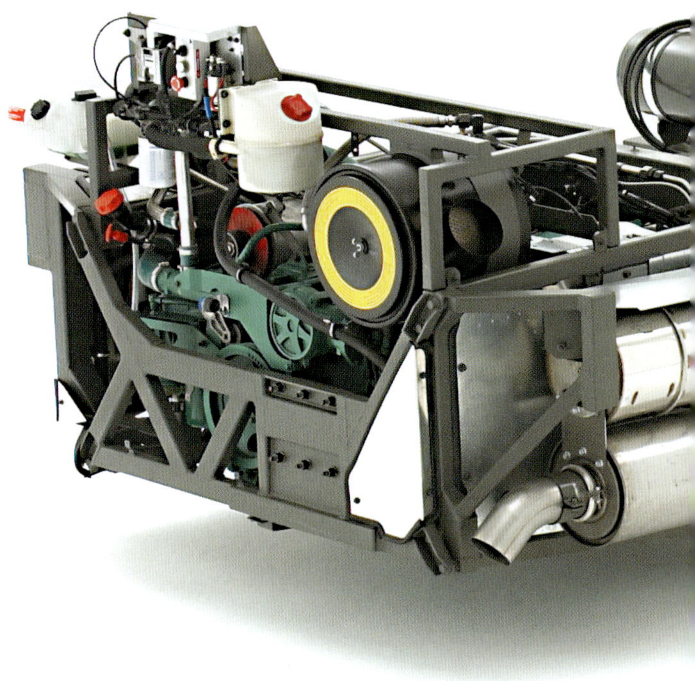

Der B12B löste sowohl den im Sommer 1991 eingeführten B12 als auch den im Frühjahr 1992 erschienen B10B ab, und reduzierte damit die Anzahl der Modell im europäischen Volvo-Programm um eines. In Brasilien wird die Produktion des B12 mit stehend, längs eingebautem Motor unter der seit 1997 in Südamerika für den B12 üblichen Bezeichnung B12B weitergeführt.

Der neue B12B ist ein vielseitiges Modell und eignet sich gleichermaßen als Überland- wie als Reisebus.

Die Fotos auf diesen Seiten zeigen den neuen Luxus-Reisebus Volvo 9700 und das Heckmotorchassis B12B, das fast auf den gleichen Komponenten basiert wie der Mittelmotor-Bus B12M.

Der dritte Schritt in der Markteinführung der TX-Plattform erfolgte im Frühjahr 2001 mit der Präsentation des neuen B12BLE als erstem speziell konstruierten Stadtbus-Modell im neuen Programm. Sein vorderer Chassis-Abschnitt unterscheidet sich von jenen im B12M und B12B mit normaler Einstiegshöhe. Mit seinem niedrigen Einstieg ist der B12BLE in erster Linie als Stadt- und Kurzstreckenbus gedacht, wo leichter Ein- und Ausstieg entscheidend dafür ist, alle Gruppen, besonders ältere Menschen, Behinderte oder Eltern mit Kinderwagen, in großer Zahl als Fahrgäste für den öffentlichen Nahverkehr zu gewinnen.

Wie der B12M werden auch der B12B und der B12BLE mit dem Euro-3-tauglichen D12C-Motor in liegender Version angetrieben. Die Anordnung dieses neuen Hochleistungstriebwerks gestattet die volle Ausnutzung des Fahrgastraumes für Sitzplätze – bis zum hinteren Ende und über die volle Breite des Fahrzeugs.

Der B12BLE gilt eher als Ergänzung denn als Nachfolger des Niederflurmodells B7L. Letzterer bleibt erste Wahl, wenn es um möglichst niedrige Einstiegshöhe und völlig ebenen Wagenboden geht und wenn die für Ballungsräume typischen, relativ geringen Durchschnittsgeschwindigkeiten nicht nach dem leistungsstarken 12-Liter-Motor verlangen.

	Motor-anordnung	Produktions-zeit	-zahl	Gesamtgewicht 4x2	Gesamtgewicht 6x2	Gesamtgewicht Gelenkbus	Hubraum cm^3	Motor-leistung	Anmerkungen
B12B	B (H/L)	2001–	*	19.000 kg	—	—	12.130	300–420 PS	Nachfolger des B10B
B12BLE	B (H/L)	2001–	*	19.000 kg	—	—	12.130	300–420 PS	Nachfolger des B10BLE

* Zahlenangaben nicht möglich, da das Modell noch produziert wird.

Uddevalla

Volvo produziert Busse in wachsender Zahl in immer mehr Ländern. Dabei werden die Produktionsmethoden zusehends verfeinert, um die Fertigungsprozesse und die Zahl der einzelnen Komponenten für die jeweiligen Busse noch besser zu steuern.

Im Rahmen dieser Entwicklung übernahm Volvo im Februar 2001 die Firma OmniNova Technology in Uddevalla. Die Volvo Bus Corporation besaß bereits 35 Prozent der Anteile von OmniNova, einer gemeinsamen Gründung von Volvo und Tom Walkinshaw Racing (TWR), hauptsächlich zur Entwicklung der Edelstahl-Spaceframe-Technik für die neue TX-Plattform.

Mit ihren etwa 60 Mitarbeitern stellt das Werk in Uddevalla eine High-Tech-Produktionsstätte dar, die dank der Führungsposition von TWR auf diesem Gebiet die Methoden zur Fertigung der neuen Chassis erfolgreich in hohem Maße perfektioniert hat.

Die Entwicklung der TX-Plattform bedeutete für die Volvo-Bus-Konstrukteure eine echte Herausforderung. Der Erfolg ist in erster Linie dem Tempo zu verdanken, mit dem die CAD/CAM-Konstruktionen unmittelbar auf den computerisierten Chassis-Produktionsprozess übertragen wurden, ohne Zeit zu verlieren. Die Fertigung erfolgt zum größten Teil durch numerisch gesteuerte Roboter, die eine unendliche Zahl von komplexen Operationen mit konstanter Präzision ständig wiederholen können.

Der Bau der Spaceframes für die Busse der TX-Familie erfolgt durch Präzisions-Roboter.

Die völlig ebene Oberseite der TX-Rahmen ermöglicht den Bau von Bussen mit völlig ebenem Boden. Oben abgebildet ist das Chassis eines Volvo 8700, das bei der Modellpremiere auf der Nutzfahrzeug-IAA in Frankfurt im Herbst 2000 ausgestellt war.

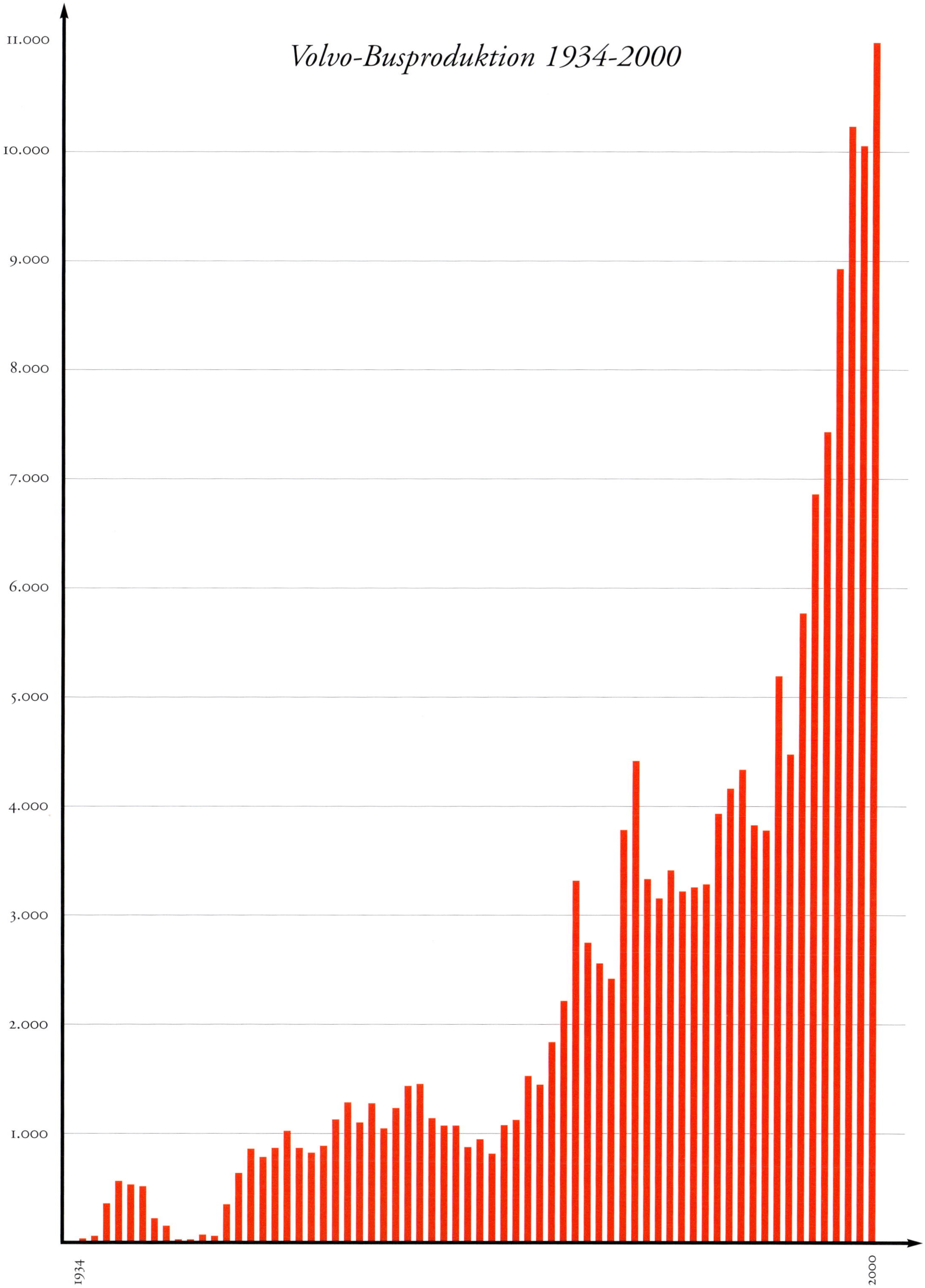
Volvo-Busproduktion 1934-2000
11.000
10.000
9.000
8.000
7.000
6.000
5.000
4.000
3.000
2.000
1.000
1934
2000

Die wichtigsten, in diesem Buch erwähnten Personen, Bus- und Aufbauhersteller sind in der folgenden Übersicht enthalten. Alle Chassis-Versionen mit den unterschiedlichen Radständen bis 1943 sind aufgeführt, von den späteren Modellen nur die Hauptversionen. Kursive Seitenzahlen verweisen auf Abbildungen.

Personen

Volvo-Busse

Volvo-Lkws (als Busse)

Aufbauhersteller